Das atmosphärische Ozon, nach Messungen in Marienbad, Kissingen, Mentone, Meran und Wiesbaden.

Von

Dr. Lender.

Separat-Abdruck aus Göschen's „Deutscher Klinik" No. 19, 1872.
Druck von Georg Reimer in Berlin.

Seiner Durchlaucht

dem Prinzen Georg zu Solms-Braunfels,

Seiner Durchlaucht

dem Prinzen Albrecht zu Solms-Braunfels,

Herrn Ernst von Stockhausen

in Freundschaft gewidmet.

Vorrede.

Das Wesen der Dinge ist die Zahl, sagt Pythagoras. Jede Zahl ist ein Verhältniss und in der Atmosphäre sind der nährende Sauerstoff und der den Sauerstoff verdünnende Stickstoff in dem Verhältniss von 1 zu 4 vorhanden. Sobald dieses Verhältniss zu Gunsten des Sauerstoffs dauernd sich veränderte, würde der Sauerstoff zum Zehrstoff werden und die Atmospäre aufhören, jener Nährstoff zu sein, welcher zu den festen und flüssigen Nahrungsmitteln hinzutreten muss, wenn die wesentlichen Körperbestandtheile sich bilden sollen. Wenn wir durch die Cultur auch dadurch der Schwäche verfallen, dass wir überwiegend in geschlossenen Räumen wohnen, durch deren an oxydabelen Körpern reiche Luft unser Blutsauerstoff vermindert wird, so ist das ebenso begreiflich, als dass Luftschiffer durch den mit zunehmender Höhe sich verdünnenden Sauerstoff der Pulsbeschleunigung, der Ohnmacht, kurz der Schwäche des centralen Nervensystems verfallen und schliesslich — gleich den Fischen in hohen Bergseen — aus Sauerstoffhunger zu Grunde gehen.

Der electrische Sauerstoff, welcher Stoff und Kraft zugleich ist, zeigt die Einfachheit des irdischen Haushaltes, weil er in der grossen Natur grosse Aufgaben zu lösen hat. —

Aus einem in der philosophischen Gesellschaft am 8. März 1873 gehaltenen Vortrage.

„Der Blitz, der flammend niederschlug,
Die Atmosphäre zu verbessern,
Die Gift und Dunst im Busen trug.“

Pater profundus in Goethe's Faust.

Sei gegrüsst uns, Gas des Lebens,
Wunderbarer Mächte Kind,
Das wir hoffentlich vergebens
Nirgend suchen, wo wir sind!
Denn mit Dir dringt Heil und Segen
In der Erde tiefste Gruft;
Tausend Feinden, die sich regen
Wider uns, wirst Du zur Gruft.
Miasmen zerstörend und faulige Gase
Befreist Du die Lungen, beglückst Du die Nase,
Ein rastlos sich regender Schutzmann der Luft.

Aus Trojan's: Das Lied vom Ozon.

I.

Die Messungen des atmosphärischen Ozons haben im Sommer 1871 zu Marienbad begonnen; sie wurden nach der zehntheiligen Scala und mit Unterstützung von noch 4 Personen, den Herren Wernigh aus Berlin, Barsdorf und Friedrich aus Liegnitz, und meinem Sohne ausgeführt. Die Reagenspapiere wurden nach gleichgestellten Uhren zu gleicher Zeit an den Hauptpuncten der Umgebung Marienbads meist in einer Höhe von 5—7 Fuss befestigt und abgenommen und im Malteserkreuz nach Eintauchen derselben in destillirtes Wasser gemeinschaftlich nach der Scala Schoenbeins bestimmt. —

12. Juli Abends 8 Uhr bis Morgens 8 Uhr.

Die Papiere waren kaum befestigt, so trat ein heftiges Gewitter auf, welches einen grossen Theil der Nacht andauerte.

1) Metternichhöhe (Jägerlaube), $\frac{1}{2}$ Meile westlich von Marienbad und etwa 120 Fuss über dem neuen Moorlager gelegen, innerhalb des Tempels, 7 Fuss über dem Fussboden: sehr gleichmässig No. 10.
2) Friedrich Wilhelmshöhe, ein mit gothischen Bögen und einer byzantinischen Säulenhalle ausgestatteter, auf dem nördlich von Marienbad sich hinziehenden Bergkamme gelegener Tempel.
   a. 5 Fuss über dem Erdboden: No. 10.
   Innerhalb des Tempels
   b. 5 Fuss über dem Erdboden: No. 10.
3) Hirtenruhe, ein auf einer nordöstlich von Marienbad gelegenen Höhe stehender Tempel: innerhalb des Tempels No. 10.
4) Innerhalb der Fichten, westlich von Marienbad, 50 Fuss oberhalb der Jägerstrasse etwa gelegen, ein Fuss von der Erde: No. 8.
5) Kirchhof, von Marienbad, 80 Fuss etwa oberhalb der Jägerstrasse, 6 Fuss vom Erdboden: . . . . No. 7.
6) Neues Moorlager, an einer Fichte, 5 Fuss über dem Erdboden, 10 Schritte vom Moorlager entfernt: . . . No. 8.
7) Neues Moorlager, innerhalb des Tempels, 7 Fuss hoch: No. 9.

8) An der Marienbader Mühle, in der Nähe eines foetiden Grabens: nur zum geringen Theile zu No. 4. entfärbt.
9) innerhalb der 60 Schritt oberhalb des Kirchhofes gelegenen Fichten, 6 Fuss über der Erde: partiell . . . . . . No. 7.
10) Innerhalb unweit des Ottotempels gelegener Fichten, 6 Fuss über dem Boden: . . . . No. 5.
11) Curgarten, 4 Fuss hoch, partiell . . . . No. 6.
12) Fichtengrund, östlich gelegen . . . . No. 6.
13) Fichtenwald, in mittlerer Höhe westlich von Marienbad No. 9.
14) Friedrichstein, ein in der mittleren Höhe oberhalb Marienbads und unterhalb der Hirtenruhe gelegener Felstrümmerhaufen, welcher die Worte trägt: „Najades salutares restituere, flora opulenta oblectavit Saxoniae regem,“ noch jetzt von üppiger Vegetation umgeben, allein durch faecale Depositionen verunreinigt: No. 0.

Messungen 13. Juli Morgens 8 Uhr bis Abends 8 Uhr.

1) Metternichhöhe . . . . No. 5.
2) Friedrich Wilhelmhöhe
   a) in der Mitte des Tempels . . . No. 6.
   b) dem Freien näher . . . . . . No. 8.
3) Im Mecsery-Tempel, nördlich von Marienbad und noch höher, wie die Friedrich Wilhelmhöhe gelegen
   a) zwischen zwei Säulen . . . . . No. 5.
   b) dem Freien näher . . . . . . No. 6.
4) Hirtenruhe,
   a) rechts . . . . No. 8.
   b) links . . . . No. 8.
5) Kirchhof . . . . No. 7.
6) Fichte am Kirchhof . . . . No. 6.
7) Buche am Kirchhof . . . . No. 6.
8) Kapelle Alexanderwiese . . . . No. 5.
9) Marienbader Mühle, Buchengestrüpp . . . . No. 6.
10) Neues Moorlager, im Tempel . . . . No. 6.
11) Neues Moorlager, nahe Eiche . . . . No. 8.
12) Neues Moorlager, nahe Fichte . . . . No. 8.
13) Laube im Garten des Malteserkreuzes . . . . . . No. 7.
14) Promenadenbaum im Curgarten . . . . No. 4.
15) Fichtengrund, östlich von Marienbad . . . . No. 9.
16) Fichtenwald, in mittlerer Höhe von Marienbad . . . No. 10.
17) Unterhalb der Friedrich Wilhelm Capelle in halber Höhe von Marienbad . . . . No. 4.
18) Im geschlossenen Zimmer des Malteserkreuzes von Abends 8 Uhr des 12. Juli bis Abends 8 Uhr des 13. Juli, also in 24 Stunden . . . . No. 0.

Um den Einfluss der Harzausdünstung kennen zu lernen, wurden folgende Versuche gemacht:

19) Im Fichtengrunde, östlich von Marienbad gelegen
erster Baum a) innerhalb des Spaltes eines Fichtenstammes, dessen Grund Harzmassen trug . . . . No. 4.
b) in derselben Höhe ausserhalb des Spaltes an der Rinde befestigt . No. 5.

19) zweiter Baum a) . . . . No. 4/5
b) . . . . No. 6.

19) dritter Baum a) . . . . No. 4.
b) . . . . No. 5.

19) vierter Baum a) eng im Spalte, dem Luftstrom schwer zugänglich, nur am freien Rande No. 2.
b) . . . . No. 5.

14. Juli, von Morgens 8 Uhr bis Abends 8 Uhr.

1) Zimmer im Parterre des Malteserkreuzes,
oberhalb des offenen Fensters . . . . No. 2.
unterhalb des offenen Fensters . . . . No. 1.
mehr ausserhalb des Fensters . . . . No. 3.
2) Im Curgarten . . . . No. 3.

14. Juli Morgens 8 Uhr bis Morgens 8 Uhr des 15. Juli.

1) Ausserhalb der Colonnaden des Curgartens, $1\frac{1}{2}$ Fuss über dem Boden . . . . No. 6.

14. Juli Abends 8 Uhr bis 15. Juli Morgens 8 Uhr.

1) Laube des Malteserkreuzes, vier Papiere, nur gefleckt in No. 5.
Papierstreifen oberhalb der Zimmerthür, welche zum Hausflur führt, so befestigt, dass bei der durch das offene Fenster und die offene Thüre herbeigeführten Lüftung des Zimmers derselbe vom Luftzuge bestrichen wird, nach 48 Stunden: . . . . No. 2.

15. Juli 6 Uhr Abends bis den 16. Juli 6 Uhr Morgens.

1) Metternichhöhe
südliche Abtheilung des Tempels . . . . No. 6.
westliche „ „ „ . . . . No. 6.
östliche „ „ „ . . . . No. 6.
nördliche Abtheilung, das Papier ist in einen offenen Spalt gebracht, der zur westlichen Abtheilung führt und wird durch Zugluft bewegt . . . . No. 7.
2) Eichenwald im Königswarter Thiergarten:
oberhalb der Strasse, 5 Fuss hoch . . . . No. 9.
unterhalb der Strasse, „ „ . . . . No. 8.

3) Fenster des Parterre-Zimmers im Malteserkreuz, offen No. 3.
nach 24 Stunden . . . . No. 4.

16. Juli Morgens 6 Uhr bis Abends 6 Uhr.

1) Eichenwald, sonniges Wetter, 6 Fuss hoch:
a) . . . . , . . . No. 9.
b) . . . . No. 10.

2) Metternichhöhe (Jaegerlaube), acht Fuss über dem Boden:
a) östliche Abtheilung: . . . . . . No. 8.
b) nördliche „ . . . . . . No. 6.
c) westliche „ . . . . . . No. 5.
d) südliche „ . . . . . . No. 7.

Nach den Reactionen scheint an diesem Tage der Wind gewechselt zu haben. —

Sehr viele Messungen, auch die des 2635 Fuss über dem Meeresspiegel gelegenen Basaltkegels, des Podhorn, sind misslungen, indem die Papiere bald vom Regen und bald vom directen Sonnenlichte getroffen oder durch den Sturm abgerissen worden waren. —

Auf der Fahrt, welche von Marienbad am Tage des 17. Juli nach dem 5 Meilen entfernten Carlsbad an einem sehr heissen und sonnigen Tage stattfand, wurde im Postwagen ein weiterer Beweis geliefert, dass der Zugwind Ozon herbeiträgt. Oberhalb beider Fenster wurde je ein Papierstreifen so aufgehängt, dass die den Wagen durchströmende Luft nur einen Bruchtheil der Reagenzpapiere bestreichen konnte. Der von dem Luftstrome unmittelbar betroffene Theil der Papiere entfärbte sich, der übrige Theil blieb während der ganzen Fahrt völlig farblos. Die Fahrt begann 7 Uhr Morgens und war 12 Uhr Mittags zu Ende. Die Reaction begann auf den Papieren $8\frac{3}{4}$ Uhr sichtbar zu werden und erreichte nach Beendigung der Fahrt, also nach fünf Stunden No. 3.

Die vorhergehenden Messungen ergaben folgende Thatsachen:

1) Unmittelbar nach einem Gewitter wurde auf den höchsten Standorten der Umgebung von Marienbad die höchste Nummer der zehntheiligen Scala constatirt; Ozon war also in den höheren Luftschichten, soweit sie erreichbar waren, trotz Abwesenheit des Sonnenlichtes stärker vorhanden, als zu irgend einer späteren Zeit, als innerhalb der meisten vegetationsreichen Stellen. — Der erregte Sauerstoff senkt sich jedoch wegen seiner Schwere aus der Höhe in die Tiefe hinab, so dass nach 24 Stunden die Reactionen der höheren Luftschichten erheblich schwächer ausfallen. Das Gewitter ist daher als eine überaus starke und über einen grossen Raum sich ausdehnende Quelle des erregten Sauerstoffs erwiesen. —

2) Die Vegetation ist eine starke Productionsstätte des erregten

Sauerstoffs; ein Unterschied zwischen Fichten- und Eichenwald liess sich nicht nachweisen.

3) Der Zugwind trägt Ozon herbei, so dass durch eine sich bewegende ozonhaltige Luft die Reactionen rascher und stärker auftreten.

4) Geschlossene Räume enthalten keinen erregten Sauerstoff, und der einströmende geht rasch innerhalb derselben zu Grunde, wenn innerhalb derselben Verdunstungen, electrische Strömungen, vegetative Processe nicht vorkommen.

5) Verunreinigungen können die Luft eines Ortes verderben, denselben seines erregten Sauerstoffs berauben, selbst wenn der Ort frei, hoch gelegen und von kräftiger Vegetation umgeben ist.

Wenn sich während des Nebels kein erregter Sauerstoff nachweisen lässt, und der Nachweis des Ozons unmittelbar gelingt, sobald der Nebel verschwunden und freier Himmel eingetreten ist, so mag diese Thatsache beruhen auf folgenden Bedingungen:

1) bei feuchtem Erdboden steigen die ozonraubenden, fäulnisserregenden organischen Atomcomplexe in verstärktem Maasse auf;

2) innerhalb der Nebelschicht werden die organischen Atomcomplexe festgehalten, so dass sehr oft im Nebel ein unangenehmer Geruch auffällig wird;

3) der erregte Sauerstoff findet beim Niederfallen aus der Höhe einen Widerstand an der Nebelschicht, in welche er wenig oder gar nicht einzudringen vermag, — soweit er in die oberen Theile der Nebelschicht eindringt, mag er verzehrt werden.

II.

Von Carlsbad, dessen Bauart trotz seiner herrlichen Umgebung keinen oder einen nur geringen Gehalt an Ozon in der Stadtluft zur Folge haben kann, begaben wir uns nach Kissingen, hier wurden die Beobachtungen fortgesetzt und ich vermochte schon in den ersten Tagen nach meiner Ankunft die verdunstende Soole als Ozonquelle zu constatiren. Eine Reihe hier nicht mitgetheilter Beobachtungen, nach welchen die Reactionen oberhalb der Gradirwerke um mehrere Grade schwächer ausfielen, als am Fusse derselben, deuteten auf eine örtliche Productionsstätte sofort hin, weil Schaper bewiesen hat, dass der Ozongehalt mit der Erhebung über der Bodenfläche zu- und keineswegs abnimmt. Dass durch Verdunstung Ozongas gebildet wird, war mir völlig unbekannt. —

18. Juli Abends 6 Uhr bis 19. Juli Morgens 6 Uhr,
Nachts Gewitter.

Im Curgarten

1) unter den Bäumen, 6 Fuss hoch: . . . . No. 3.

2) an einer Säule der Colonnaden, 6 Fuss hoch: . . No. 3.
3) unter einer Bank der Colonnaden: . . . . No. 3.

19. Juli 6 Uhr Abends bis 20. Juli Morgens 6 Uhr, die ganze Nacht Gewitter.

1) Baum im Curgarten . . . . No. 5.
2) Bodenlaube
a) Rosenstock . . . . No. 9.
b) Thurm . . . . No. 10.

19. Juli Mittags 12 Uhr bis 20. Juli Mittags 12 Uhr.

Westseite des zweiten Gradirwerkes
a) unten . . . . No. 7.
b) oben . . . . No. 7.

21. Juli 12 Uhr Mittag bis 22. Juli 12 Uhr Mittag.

1) Zweites Gradirwerk, oberer Theil: . . . . No. 9.
2) Bodenlaube: . . . . No. 9.

In mehreren Zimmern der Stadt keine Reaction nachweisbar, wohl aber am Fenster und zwar um so mehr, je mehr das Papier vom Luftstrome getroffen wurde. Versuche, die Reactionen durch Gummi, Glycerin, Copalfirniss, unter hohem Drucke zwischen Glasplatten zu fixiren, misslangen.

Als es zweifellos war, dass die Salzwasser verdunstenden Gradirwerke Kissingens den unerregten Sauerstoff erregten, musste nachträglich der experimentelle Beweis für die gefundene Thatsache geliefert und andererseits der Einwand zunächst beseitigt werden, dass das Sauerstoff erregende Moment vielleicht nicht die Verdunstung, sondern die Reibung war, welche eine niederfallende oder aufsteigende Luftschicht an einer benachbarten ruhenden Luftschicht erleiden muss. Dieser Einwand war berechtigt, weil in der die Soole verdunstenden Dornschicht der Gradirwerke — wie Herr Denk mittheilte — eine von der Umgebung unabhängige, also selbständige bald aufsteigende, bald absteigende Luftströmung stattfindet. Herr Dr. Pfriem leistete den zu den Experimenten nothwendigen Beistand. —

Im Inhalationszimmer der Saline, also im geschlossenen, keinem Zugwind ausgesetzten Raume liessen wir am 5. August 1871 unter starkem Druck aus einer mindestens 0,3 Centimeter im Durchmesser enthaltenen Oeffnung Wasserdampf ausströmen, welcher sofort in Wassergas verwandelt und also unsichtbar wurde. Zwei Reagenzpapiere — zwei Zoll rechts und links vom Strome des zerstäubten Wasserdampfes freihängend — zeigten Reaction No. 3. nach Ablauf von 7 Stunden. — Wenn das Gewitter eine temporäre, so ist die Verdunstung also, welche von den Gewässern, den Pflanzen, den Thieren, dem feuchten Erdboden aus stattfindet, eine stetige, ununterbrochen arbeitende Ozonquelle.

Es fragte sich nun, ist der Salzgehalt einer Flüssigkeit gleichgiltig für die Stärke der Reaction, kommt es also nur auf die Grösse der Verdunstung an? Als nunmehr am 6. August Brunnensoole durch den Strahl des Wasserdampfes zerstäubt wurde, zeigten die beiden Reagenzpapiere in derselben Entfernung, wie vorher, hängend nach 7 Stunden: No. 7. und ein Papierstreifen, welcher — 10 Fuss über dem Erdboden des Inhalationszimmers befestigt — nach sechs Stunden abgenommen worden war, No. 3. Der Salzgehalt einerseits und die Grösse der Verdunstung andererseits sind bestimmend für den Grad der Reaction und so glaubte ich denn nur auf Grund eigner Untersuchungen ein Recht zu haben, in meinem am 9. August 1871 im Conversationssaale zu Kissingen gehaltenen Vortrage die Worte sprechen zu dürfen: Der Sauerstoff wird erregt auch „überall dort, wo Verdunstungen, zumal concentrirter (salzreicher) Lösungen stattfinden.“ —

Dass nur die Verdunstung und nicht die Reibung das Sauerstoff erregende Moment war, zeigte sich nun dadurch am schlagendsten, dass, als ich am 7. August nur Kohlensäuregas sieben Stunden unter demselben Druck, wie den Wasserdampf, ausströmen liess, die unter gleichen Bedingungen, wie vorher, befestigten Reagenzpapiere gar keine Reaction zeigten. Bei der ausströmenden reinen Kohlensäure handelt es sich nur um Reibung, doch nicht um jene Verdunstung im wahren Sinne, welche mit Bindung freier Wärme verbunden ist.

Hier in Berlin — Matthäikirchstrasse 6. 3 Treppen, also im geschlossenen Zimmer — ist es dem Ingenieur Herrn Wernigh gelungen, an einem unmittelbar über einer Schale befestigten Reagenzpapiere nach drei Wochen Reaction No. 6. zu erzeugen, die Schale war mit Kissinger Soole gefüllt, ihr Inhalt war durch die Temperatur des geheizten Zimmers im Januar d. J. nach drei Wochen verdunstet.

Herr Wernigh machte einen zweiten Versuch, er stellte auf den warmen Ofen drei Glasnäpfe, sie wurden nahezu voll gefüllt:

No. I. mit einer gesättigten Lösung von Kochsalz,
No. II. mit Kissinger Soole,
No. III. mit einer gesättigten Lösung von Alaun.

Nach der Füllung wurden sie mit Tüll fest überzogen, welcher durch Gummi angeklebt wurde, zur Verlangsamung der Verdunstung beitrug, jedoch den Zimmerstaub nach Möglichkeit von dem Gefässinhalte fern hielt. Sechs Wochen nach der Ende Januar 1872 stattgehabten Aufstellung zeigte Schale I. Reaction 1, Schale II. Reaction 3 und Schale III. Reaction 5. Der äussere Theil der Gefässe und der Ofen am Fusse der Schalen zeigte einen dicken Salzbelag. Dieser Salzbelag war durchscheinend und glänzend vom Kochsalz und der Soole, am stärksten (4 Millimeter dick) von der Soole, — weiss, wie Zucker, vom Alaun. — Das Reagenzpapier war auf dem

Tüll über der Mitte der Glasschale so befestigt, dass dasselbe nahezu aufrecht stand.

Wir haben also ein billiges Mittel, unabhängig von der Ventilation die Luft eines Zimmers zu verbessern. Da die Luft des geschlossenen besten Zimmers — wie ich durch meinen mit Ozonwasser gefüllten Inhalationsapparat gezeigt habe — erschreckend reich an Räubern des erregten Sauerstoffs ist, so wird es sehr grosser Flächen und starker Verdunstung des Salzwassers bedürfen, um im geschlossenen Zimmer schon nach 24 Stunden dem erregten Sauerstoff ein solches Uebergewicht zu verschaffen über die oxydabelen organisirten und nicht organisirten Atomgruppen, dass die Reagenzpapiere eine Färbung, eine Reaction zeigen. Fünf, zwei Fuss lange und breite Thonkasten (à 2 Thlr.) über einander auf die Oberfläche eines geheizten Ofens gesetzt, haben nicht ausgereicht, in 24 Stunden an den Papieren in meinem Zimmer eine Reaction nachzuweisen. Das Verfahren wird mit einer grösseren Anzahl Kasten fortgesetzt werden. —

In Marienbad ging ich schon im Juli vorigen Jahres dem Ziele nach, unabhängig von der Ventilation zur Verbesserung der Zimmerluft beitragen zu können. Zerquetschte Tannenzapfen, Harz von Fichten und Kiefern reichlich im Zimmer zerstreut führten in nachweisbarer Weise nicht zum Ziele. —

Dass die Thatsache der Erregung des neutralen Sauerstoffs durch Verdunstung schon früher vermuthet worden ist, habe ich in Kissingen bereits erfahren. Nach meinem am 9. August in Kissingen gehaltenen Vortrage, welcher auf Veranlassung der Collegen dem Zwecke dienen sollte, die von der Regierung dem Untergange bestimmten Gradirwerke entweder zu erhalten oder unter einer besseren Form und um eines höheren Zweckes willen wieder erstehen zu lassen, theilte mir Herr Obermedicinalrath Brandes aus Hannover, welcher dem Vortrage beigewohnt hatte, Folgendes mit:

„Vor vielen Jahren ging ich mit Professor Schoenbein in der Schweiz an einer Wiese vorüber, auf welcher Wäsche getrocknet wurde. — Auf die ausgebreitete Leinwand zeigend, sagte Schoenbein: dort lassen Sie uns hingehen, dort findet Verdunstung und durch Verdunstung Ozonbildung statt.“ — Nach Schoenbein — Zeitschrift für Biologie III. p. 101—112 — ist die Bläuung des Jodkaliumkleister in der Luft eine Anzeige nicht für Chlor, sondern für Ozon; auch Andrews beweist — in Poggendorf's Annalen CXXXI —, dass der Körper in der Atmosphäre, welcher Jodkalium zersetzt, nicht Salpetersäure oder Chlor sein kann. — Meine Kissinger Beobachtungen liefern einen weiteren Beweis, denn verdunstendes Salzwasser macht weder Salpetersäure, noch Chlor frei. Die Leinwand bleichende Kraft der freien Luft beruht daher nicht auf freiem Chlor, sondern auf Ozon und man wird es Henri de Parville gern glauben, wenn er im Feuilleton des Journal des Debats am 18. Januar 1872 sagt: le linge exposé sur les haies dans les jardins conserve bien souvent le parfum de l'ozone.

Bei den Messungen des atmosphärischen Ozons, welche in Marienbad im Juli vorigen Jahres angestellt wurden, zeigte sich, dass die bisherige Scala, welche aus Basel bezogen wird, weder in Farbe, noch in der Zahl der Nummern genauen Anforderungen genügt. Die Farben der zehntheiligen Scala sind nicht der Natur entsprechend und der Nummern, der Farbentöne sind zu wenig, so dass keineswegs selten ein in der Natur gewonnener Farbenton eines Reagenspapieres entschieden zwischen zwei Nummern der Scala fällt. Mein Freund, Herr Wernigh hat sich daher der Aufgabe unterzogen, auf Grund unserer in Marienbad und in Kissingen gemeinschaftlich gemachten Erfahrungen und Ueberlegungen — eine Scala zu machen, welche genauen Anforderuugen, meine ich, genügt und 16 Grade hat. Nachdem diese Scala in Kissingen fertig war, haben wir die Resultate unserer Ozonmessungen, welche in Kissingen nach der zehntheiligen Scala sehr reichlich gemacht worden sind und die Gradirwerke als starke Ozonquellen constatirten, vernichtet und der Ingenieur, Herr Wernigh hat sich allein der grossen Mühe, da ich ihn verlassen musste, unterzogen, die Messungen nach der neuen 16theiligen Scala zu wiederholen und neue hinzuzufügen.

Zusammenstellung der Resultate der Untersuchungen des Ozongehaltes der Luft Kissingen's, welche durch Reaction auf mit Jodkaliumstärkekleister durchtränkte, vor Regen und directem Sonnenlicht geschützt aufgehängte Papierstreifen erhalten und nach einer durch in der Natur gewonnene Muster angefertigten, aus 16 Nummern bestehenden Scala bestimmt worden sind. Dauer der Aufhängung der Papierstreifen 24 Stunden. Bei Bestimmung der Ozonscalanummern der Jodkalium-Stärkekleisterpapiere, welche der Einwirkung der atmosphärischen Luft ausgesetzt waren, wurde auf folgende Weise verfahren: Zuerst wurden die Nummern der an demselben Tage aufgehängten Papierstreifen nach der Scala einzeln bestimmt, dann geordnet nach der laufenden Nummer auf dem Grunde sehr weissen Schreibpapiers nebeneinander gelegt und nun die mangelhaft bestimmten Nummern durch controlirende Vergleichung sämmtlicher Farbentöne verbessert.

Die trocken aufgehängten Papierstreifen wurden zur Bestimmung der Scalanummer in möglichst reines Brunnenwasser getaucht.

Die Aufhängung der Papierstreifen geschah theils unter dutenförmig zusammengelegtem Wachstuch (Fig. 1.), oder unter Glas (Fig. 2.); bei den Gradirwerken der Saline unter Blumentöpfen (Fig. 3. u. 4.), um diese Streifen vor dem stark spritzenden Soolwasser der Dornwände zu schützen.

(Fig. 1.) Papierstreifen.

(Fig. 2.) Glasplatte.

(Fig. 3.) Blumentopf.
(Fig. 4.) Aufhängung von 3 Blumentöpfen.

Gradirwerke der Saline.

(Fig. 5.) Längenansicht.
(Fig. 6.) Seitenansicht.
(Fig. 7.) Grundriss.
(Fig. 8.) Dornenschichten, Soolsammelkasten.

Die Soole wird zuerst dem Gradirwerke No. I. übergeben, sodann dem Gradirwerke II.; es wird also vom Gradirwerke II. eine concentrirtere Soole verdunstet, als vom Gradirwerke No. I.

26. August 1871.

(Unter Wachstuch.)

1) Auf dem Thurme des Gradirwerkes II. der Saline: unter einer Bank 0,400 Mtr. über dem Fussboden, 16,000 Mtr. über dem Erdboden. Wind meist Nord-West: . . . . No. 6.
2) Thurm des Gradirwerkes II.: den Dornschichten des offenen Treppenhauses unter Blumentöpfen angehängt. Nord-West-Seite. Wind meist Nordwest.
   8,000 Mtr. über dem Erdboden . . . . . No. 7.
   11,000 „ „ „ „ etwas feucht . No. 8.
   13,000 „ „ „ „ etwas feucht . No. 9.
3) Gradirwerk II. der Saline:
   1. unten in der Mitte der beiden Dornschichten und in der Mitte des Gebäudes, 1,200 Mtr. über der Soolwasserfläche, immer dunkler Raum, (unweit a.): . No. 9.
   2. unten, in der Mitte im Eingang, 1,600 Mtr. über dem Fussboden bei a., Nord-Ost-Seite. Wind und Licht mehr zugänglich. (Ozon vielleicht durch den anstossenden Wind in das Innere gedrängt?) (Fig. 9.): No. 4.
4) Gradirwerk II. der Saline: aussen am Fussweg, 0,700 Mtr. über der Soolwasserfläche, Nord-Ost-Seite: No. 10.
5) Gradirwerk I. der Saline am Vorbau beim Mühlenrad, unter einem Tisch, 0,750 Mtr. über dem Fussboden, 3,650 Mtr. über dem Erdboden, Südseite: . . . No. 5.
6) Gradirwerk I. der Saline am Vorbau beim Mühlenrad, an der Querwand des Gebäudes
   nach Aussen 4,000 Mtr. über dem Erdboden . No. 5.
   nach Innen { 3,800 „ „ „ „ . No. 6.
   nach Innen { 2,000 „ „ der Soolwasserfläche.
   Süd-Seite.
7) In einem Zimmer nach dem Hofe des Herrn Dr. Sotier. Ost-Seite.

1. an der Thüre 4,000 Mtr. vom Fenster 1,500 Mtr. vom Fussboden } No. 0.
2. im Zimmer 1,500 Mtr. vom Fenster 1,500 Mtr. vom Fussboden } No. 0.
3. am Fensterrahmen aussen 6,000 Mtr. vom Erdboden 2,000 Mtr. vom Fussboden } No. 1.
4. ein Abort desselben Hauses, 1,500 Mtr. vom Fussboden (starker Windzug durch eine meist offene Thür) Ost-Seite . . . . No. 1.

8) Maxruhe, nach Westen gelegen, dichter Wald, feuchter, an chlorophyllfreier Vegetation reicher Grund. Absolute Höhe 1128 Pariser Fuss, Höhe über dem Saalespiegel 555 Pariser Fuss, in einer Laube 2,300 Mtr. über dem Erdboden . . . . No. 5.

27. August.

9) Auf der Wiese des Actienbadehauses, entfernt vom Gebäude an einem Baume, 2,300 Mtr. über dem Erdboden: No. 5.

10) An einem Baume der Curgarten - Promenade, 2,000 Mtr. über dem Erdboden: . . . . No. 5.

11) In der Colonnade des Curgartens 3te Säule bei a. (Fig. 10.), 2,000 Mtr. über dem Fussboden: . . . No. 5.

12) Unter einer Bank 0,450 Mtr. vom Erdboden, in der Nähe der Rakoczy - Quelle: . . . . No. 5.

13) Am Maxbrunnen des Curgartens, an einem Baume 2,000 Mtr. über der Erde: . . . . No. 6.

14) Gradirwerk II. der Saline; unten, in der Mitte der Dornschichten und in Mitte des Gebäudes. 1,500 Mtr. über der Soolwasserfläche, Nord-Ost-Seite (dieselbe Stelle, welche am 26. August No. 4. gab): . . . No. 9.

15) Auf dem Thurme der Gradirwerke II., oben 0,500 über dem Fussboden, 16,000 Mtr. über der Erdbodenfläche No. 7.

16) Im Treppenhaus des Gradirwerks II. 11,000 Mtr. über dem Erdboden, Nord-West-Seite: . . . . No. 5.

17) Gradirwerk II. der Saline; am Pfosten zwischen der 4. und 5. Strebe, nach Nord-Ost: . . . . No. 8.
(Nordostwind) nach Süd-West . . . . No. 8.

18) Unter der Treppe am Ende des Gradirwerks II., abgewandt von den Dornschichten, 2,000 Mtr. über dem Erdboden. Nord-West-Seite: . . . . . . No. 4.

19) Unter der Treppe am Ende des Gradirwerks II. und unter einer Bank. 0,500 Mtr. über einem Erdboden, der vom Salzwasser durchtränkt war. (Nord-West-Seite): No. 7.

20) Erstes Gradirhaus: Ende desselben in der Nähe des Badhauses, 3,500 Mtr. über dem Erdboden nach Osten: No. 5.
nach Westen: No. 8.

21) Am Fensterladen des Maschinenhauses (Badehaus) 2,000 Mtr. über dem Erdboden (etwa 20 Mtr. vom Gradirwerke entfernt) Ost-Seite: . . . . No. 6.
22) Restaurationshalle des Badehauses der Saline, 2,000 Mtr. über dem Erdboden, Ostseite, etwa 20 Mtr. vom Gradirwerke entfernt: . . . . No. 6.
23) An der Schubstange der Salinenpumpe, per Minute 8 Schübe à 0,900 Mtr., Geschwindigkeit 7,200 Mtr. per Minute, 1,000 Mtr. vom Erdboden: . . . . No. 7.
24) An einem Tannenbaume in der Anlage der Saline, in der Nähe des Restaurationslokals, 1,500 Mtr. vom unreinen Erdboden: . . . . No. 4.

28. August.

25) Am Ende des ersten Gradirhauses, unweit des Badehauses, unter dem Soolsammelkasten, Erde feucht von Soolwasser (von Ost nach West offen, Zugwind, (Fig. 11.): No. 6.
26) Unter dem Soolsammelkasten des ersten Gradirwerkes am Gebälk, 1,200 Mtr. über dem Erdboden (von Ost nach West offen, Zugwind): . . . . No. 6.
27) Ende des ersten Gradirhauses am Badehause nach Westen. 0,150 Mtr. von der Soolwasserfläche, 0,500 Mtr. vom Fussweg, (Fig. 12.): . . . . No. 10.
28) Ende des ersten Gradirhauses am Badehause, West-Seite, 0,400 Mtr. über dem Soolwasserspiegel. (Ozon durch Windstille der Soole aufgelagert, daher, je näher der Soole, desto stärker die Reaction): . . . . . . No. 9.
29) Ende des ersten Gradirhauses am Badehause, West-Seite, 0,700 Mtr. über dem Soolwasserspiegel: . . No. 6.
30) Im Treppenhause des zweiten Gradirwerks (an der Chaussee) aussen an den Dornenschichten, nach Süd-West, 13,000 Mtr. über dem Erdboden: . . . . No. 6.
31) Im Treppenhause des zweiten Gradirwerkes (an der Chaussee) an den Dornenschichten; aussen 11,000 Mtr. über dem Erdboden, Nordwest-Seite: . . . . . . No. 8.
32) Im Eingang in der Mitte des zweiten Gradirwerkes, zwischen den Dornenschichten, 1,500 Mtr. über dem Fussboden, 1,300 Mtr. von der äusseren Dornenfläche, Nord-Ost-Seite, 4,400 Mtr. über dem Erdboden: . . No. 8.
33) Im Eingang in der Mitte des zweiten Gradirwerkes, an der Chaussee, 1,500 Mtr. über dem Fussboden, 4,400 Mtr. über dem Erdboden, 2,000 Mtr. von der äusseren Dornenfläche entfernt, Nord-Ost-Seite: . . No. 4.
34) An der Saale (Weg von Kissingen nach der Saline) zwischen Weidenbaumstämmen, 1,000 Mtr. vom Boden: No. 5.

35) In der Laube an der Saale (Weg von Kissingen nach der Saline), in der Nähe ein Abort: . . . . . No. 5.

36) Finsterer Berg, kahler trockener Boden, sehr freiliegend, rings herum bewaldete Berge, Tempel, 2,000 Mtr. über dem Erdboden. Nordost-Seite, windig: . . No. 10.

37) Finsterer Berg, Tempel, unter einer Bank, 0,500 Mtr. vom Erdboben, (Süd-West Seite, windig): . . . . No. 10.

38) Finsterer Berg, Tempel, unter einer Bank, 0,500 Mtr. vom Erdboden, (Südwest-Seite, windig): . . . . No. 9.

39) Bodenlaube, Burg, unter einer Bank, 0,500 Mtr. vom Erdboden (Ostseite): . . . . No. 8.

40) Bodenlaube, Burg, in einer Aushöhlung des Thurmes, 1,500 Mtr. vom Erdboden (Südseite), (Figur 13.) . No. 4.

29. August.

41) (Fig. 14.) Siedehaus der Saline mit hoher Temperatur. Am Gebälk der Decke, Thüren offen, Soole wird abgedampft: bei a. Zugwind: . . . . No. 1.
Stärkekleisterpapier bei a.: . . . . No. 0.
Reaction auf Jod.
bei b.: . . . . No. 0.
bei b. (Stärkekleisterpapier): . . . . . . No. 0.
Reaction auf Jod.
bei c.: . . . . No. 2.
bei d.: . . . . No. 2.

42) In der Siedpfanne, 4,500 Mtr. breit, 7,200 Mtr. lang, am Deckel. Soole ungefähr 22 Stunden gekocht; also weder Chlor, noch Ozon nachweisbar: . . . No. 0.
dto. Stärkekleisterpapier, Reaction auf freies Jod: . No. 0.

43) (Fig. 15.) Am Ueberfall a. des Wasserrades der Saline: No. 7.
Das überschüssige Wasser stürzt bei a. eine Wehre in der Höhe eines halben Meters hinunter, so dass starke Verdunstung Tag und Nacht hier stattfindet, gleichwohl, weil Süsswasser verdunstet, um mehrere Nummern schwächere Reaction, als an den Salzwasser verdunstenden Gradirwerken.

44) (Fig. 16.) Güterschuppen der Eisenbahn, neu und geweisst, 2,000 Mtr. vom Erdboden bei a. Nach Osten offen, und dadurch dem Zugwinde sehr ausgesetzt: No. 5.

45) Büreau des neuen Güterschuppens der Eisenbahn, 6,300 Mtr. lang, 4,500 Mtr. breit, 4,500 Mtr. hoch, 2,000 Mtr. vom Erdboden. (Nach Süden und Osten Fenster offen, starker Zugwind, frisch geweisst und neu angefertigter Fussboden): . . . . No. 3.

46) In Kissingen: Weg nach der Eisenbahn, grüne Hecken. In der Nähe einige Obstbäume: . . . . No. 5.

47) In Kissingen (Schlossstrasse) 2,000 Mtr. über dem Erdboden, ringsum Gärten: . . . . No. 6.

30. August.

48) (Fig. 17.) Sammelkasten der Soole der Saline. Schatten, im vierten Feld des zweiten Gradirwerks.
Nordost-Seite.: a.: . . . . No. 5.
b.: . . . . No. 6.
c.: . . . . No. 8.
Das schwere und ruhende Ozongas ist dichter in seinen tieferen Schichten innerhalb des Sammelkastens gelagert.

49) Sammelkasten der Soole des zweiten Gradirwerkes der Saline. Südwestseite. a.: . . . . . . , ... No. 6.
b.: . . . . No. 6.
Durch die Sonne der Inhalt des Sammelkastens erwärmt.

50) An den Dornenschichten, (aussen, des zweiten Gradirwerkes der Saline an der Chaussee. Südwest-Seite.
7,000 Mtr. vom Erdboden: No. 7.
10,000 Mtr. vom Erdboden: No. 7.

51. Auf dem Thurm des zweiten Gradirwerks, unter einer Bank, 0,500 Mtr. vom Fussboden, 16,000 Mtr. vom Erdboden: . . . . No. 9.

52) In der Höhe des Fusswegs des zweiten Gradirwerkes, 2,900 Mtr. vom Erdboden, 0,700 Mtr. vom Soolwasserspiegel. Südwest - Seite . . . . No. 8.
Nordost - Seite . . . . No. 8.

53) Im Dache einer kleinen Laube in der Nähe des ersten Gradirwerkes, Ostseite, 2,000 Mtr. über dem Erdboden, 6,000 Mtr. von den Dornenschichten: . . No. 8.

54) Altenburgerhaus, $^1/_2$ Stunde von der Saline entfernt, in einer Gartenlaube, 2,000 Mtr. über dem Erdboden, nach Osten: . . . . No. 5.

55) Altenburgerhaus: unter einer Bank derselben Gartenlaube, 0,500 Mtr. über dem Erdboden, etwas feucht, an einer Steinwand befestigt, Ostseite: . . . . . . No. 5.

56) Cascadenthal, oberhalb des Altenburgerhauses, unter einer Bank, dunkel, sehr feucht, (Pilze, Moose und Flechten), 0,500 Mtr. über dem Erdboden, wenig Sonnenlicht, Ostseite: . . . . No. 3.

57) Cascadenthal, im oberen Theile desselben, dort mehr Sonnenlicht, und Erde ziemlich trocken, an einer Eiche, 2,000 Mtr. über dem Erdboden, Ostseite: . . . . . No. 8.

58) Cascadenthal, unter einer Bank, 0,450 Mtr. vom Erdboden, feucht und dunkel, Ostseite: . . . . No. 4.

59) Cascadenthal, unter einer kleinen Brücke über rasch fliessendem Wasser, sehr feucht, Pilze und Moos, Ostseite: No. 3.

60) Cascadenthal, kleiner Uebergang über einem Graben, wenig fliessendes Wasser, sehr feucht, Pilze und Moos, 0,400 Mtr. über dem Erdboden, Ostseite: . . . No. 2.

61) Cascadenthal, Höhle von Stein, in der Nähe der Laube, feucht, kein Licht: . . . . No. 1.

62) Cascadenthal, Laube, 2,000 Mtr. über dem Erdboden; etwas feucht, grünes Moos: . . . . No. 6.

63) Cascadenthal, in der Wurzel eines faulen Baumstammes: No. 0.

64) Cascadenthal, in einem hölzernen der Wasserleitung dienenden Rohre, von West nach Ost liegend, 3,600 Mtr. lang, 0,225 Mtr. innerer Durchmesser, etwas feucht, aber Licht: . . . . No. 4.

65) (Fig. 19.) Abzugrohr der Siedpfanne im Siedhause der Saline. Im Innern: a. . . . . No. 0.

Ausserhalb { b. . . . . No. 6.
c. . . . . No. 6.
d. . . . . No. 6. }

Entwicklung von Ozon fand erst nachweisbar statt bei Mischung der warmen Salzdämpfe mit der kalten Luft.

31. August.

66) (Fig. 20.) Strasse in Kissingen bei a. an der Wand eines Hauses, 2,000 Mtr. über dem Erdboden. Etwas feucht und Wasser in dem Strassenrinnstein: . . No. 2.

67) (Fig. 21.) Der katholischen Kirche gegenüber, Licht und Strasse rein bei a., 2,000 Mtr. über dem Erdboden No. 5.

68) In Kissingen an einem kleinen Hause, kleiner freier Platz, etwas feucht, in der Nähe einige Bäume, Strasse 3,000 Mtr. breit, 2,000 Mtr. über dem Erdboden . No. 6.

69) Freier Platz in Kissingen mit 3 Bäumen, Maxstrasse, 2,000 Mtr. über dem Erdboden, an einer Mauer: . Nr. 5.

70) (Fig. 22.) Strasse bei a., 2,000 Mtr. über dem Erdboden, Ostseite: . . . . No. 4.

71) Am Schlachthause bei der Restauration Halk, 2,000 Mtr. über dem Erdboden, feucht, auffällig schlechte Luft, Südseite: . . . . No. 2.

72) Saline, zweites Gradirwerk, zwischen den beiden Dornschichten, vor dem Winde mehr geschützt, 35,000 Mtr. vom Ende des Gradirwerks, von Nordwest nach Südost offen. Vom Erdboden 11,900 Mtr.: . . . No. 6.
9,200 „ . . . No. 6.
6,600 „ . . . No. 6.
5,000 „ . . . No. 6.

Bemerkung: Das Ozon scheint in allen Höhen der Dornschicht gleich stark producirt zu werden.

73) (Fig. 23.) Im Dachraume des zweiten Gradirwerks an einer Rinne (Soolwasser), ziemlich windig, a: . . No. 8.
b: . . No. 4.
bei Fäulniss des benachbarten Holzwerkes.

1. September.

74) (Fig. 24.) Cursalon, Fenster auf Seite a. offen, Thüren offen, starker Zugwind, (10,000 Mtr. hoch), bei a. an der inneren Wand zwischen zwei Fenstern: . . No. 3.
Bei b. im obern Stockwerk: . . . . No. 4.
Im Concertsaal innen an einem Pfeiler der 10 Fenster: No. 0.

75) Zweites Gradirwerk der Saline, 35,000 Mtr. vom Ende, zwischen den beiden Dornschichten.
Vom Erdboden 12,300 Mtr.: No. 7.
10,500 „ : No. 7.
8,500 „ : No. 7.
6,000 „ : No. 6.

76) Auf der Wiese der Saline, 0,500 Mtr. vom Erdboden, an einem Stocke aufgehangen: . . . . . No. 6.

77) An einer hölzernen Dachrinne (vertikal) des zweiten Gradirwerks. 1,500 Mtr. vom Erdboden, Nordostseite: No. 4.

78) Am Fundamente des zweiten Gradirwerkes, 0,900 Mtr. vom Boden, etwas Gras, Nordostseite: . . . . . No. 8.

79) (Fig. 25.) Innerhalb des Grases der Wiese der Saline, kein Licht, wenig Zug, 0,150 Mtr. vom Erdboden, dicht daran ein Graben mit salzhaltigem Wasser, Nordostseite: . . . . No. 3.

2. September.

80) Im Dachraum des zweiten Gradirwerks, 0,500 Mtr. vom Wasserspiegel der Rinne: . . . . No. 5.

81) (Fig. 26.) Im Dachraume des zweiten Gradirwerks an der Pfette a., starker Luftzug, 1,500 Mtr. über d. Fussboden,
15,200 „ „ „ Erdboden: No. 3.

82) Zweites Gradirwerk aussen an der Dornenwand nach Nordost. Vom Fussboden 13,000 Mtr.: . . . . No. 6.
„ „ 11,200 „ : . . . . . No. 4.
„ „ 9,200 „ : . . . . . No. 4.
„ „ 6,700 „ : . . . . . No. 4.

83) Unter dem Soolsammelkasten auf einer schaumerfüllten Soolwasser-Rinne, luftig, Südwestseite: . . . . . . No. 5.

84) Geschlossener Hof des Herrn Dr. Sotier, 4,000 Mtr. über dem Erdboden, Ostseite: . . . . No. 4.

85) (Fig. 27.) Bassin am Badehause der Saline.

Am Blitzableiter bei a.: No. 6.
Am Dache innen bei b.: No. 1.
Ueber dem Bassin bei c.: No. 1.

Bei b. befindet sich die Oeffnung im Dache, durch welche allein der Zutritt zum Bassin möglich ist.

86) Auf dem Thurme des zweiten Gradirwerkes, 16,000 Mtr. über der Erdbodenfläche, in 27½ Stunden: No. 5.
in 51½ „ : No. 6.
in 68 „ : No. 6.

87) In der Höhe des Fussweges oberhalb des Sammelkastens des zweiten Gradirwerkes an der Chaussee. a. Südwestseite, b. Nordostseite, 35,000 Mtr. vom Ende.

	Bei a.	Bei b.
Jodkaliumstärkekleisterpapier von Schönbein	No. 3.	No. 4.
Jodkaliumstärkekleisterpapier, neu angefertigt,	gelbbraun.	gelbbraun.[1])
Stärkekleisterpapier, frisch angefertigt .	No. 0.	No. 0.
Stärkekleisterpapier, alt	No. 0.	No. 0.
Stärkekleisterpapier (saurer Kleister) .	No. 0.	No. 0.
Stärkemehlpapier	No. 0.	No. 0.

[1]) Der Zusatz von Jodkalium wahrscheinlich zu stark, so dass nur Jod frei wurde und das Papier bräunte.

88) In einem Zimmer nach dem Hofe des Herrn Dr. Sotier: nach 15 Tagen Aufhängung.

An der Thüre 1) 4,000 Mtr. vom Fenster, 1,500 Mtr. vom Fussboden: No. 0.
2) 1,500 Mtr. vom Fenster, 1,500 Mtr. vom Fussboden: No. 0.
Am Fensterrahmen aussen 6,000 Mtr. vom Erdboden, 2,000 Mtr. vom Fussboden: No. 5.

89) Im Abort desselben Hauses, 1,500 Mtr. vom Fussboden (starker Luftzug durch eine meist offene Thüre) am Drahtgitter befestigt, 15 Tage aufgehängt: . . No. 7.

90) Im Zimmer der Restauration Halk nach innen am Fensterrahmen 28 Tage lang aufgehängt: . . . No. 0.

91) (Fig. 28. 29. und 30.) Auf dem Dache des Badehauses der Saline, 20 Mtr. vom Gradirwerke entfernt. Brettchen bei a—a. mit acht Papieren, deren relative Lage zum Blitzableiter gezeichnet ist und welche mit den Nummern der Reaction versehen sind,

bei b.: . . . . No. 2.
bei c. (Spitze) . . . . . . No. 5.
bei d. (Ziegeldach mit Moos): No. 1.

92) Am Sicherheitsventil auf dem Dampfkessel bei ziemlich gleichförmiger Dampfausströmung innerhalb des Maschinenhauses: . . . . No. 0.

Vergleichende Beobachtungen, ob die Reactionen des Gradirwerkes II. stärker sind, als die unter gleichen Bedingungen gewonnenen Reactionen des Gradirwerkes I., sind nicht gemacht worden. — In Strassen und an Bäumen, in Häusern wurde zum Schutz der Reagenspapiere Wachstuch, bei der Saline Glas oder ein Blumentopf angewandt. — Die überaus beweisenden schwächeren Reactionen auf der Höhe der Gradirwerke über den Dornschichten im Gegensatz zu den stärkeren Reactionen am Fusse der Dornschichten in der Höhe der für die Fussgänger bestimmten Galerie hätten unter diesen Nachmessungen mehr vertreten sein können.

Während der Untersuchungen der Luft an der Saline war die Witterung meist hell und regenlos. Bei Tag Südwest-Wind, bei Nacht Nord-Ost oder Nord-Wind an den Gradirwerken. Das Thal hat seine Richtung von Nord nach Süd.

Die Richtung des Saalethales bestimmt wesentlich mit die Windrichtung an den Gradirwerken.

Salzgehalt der Salinenquelle im Badehause $2\frac{1}{2}$ Proc. (nach der Salinen-Waage). (Fig. 31.)

Salzgehalt	im	I.	Sammelkasten	$3\frac{1}{2}$ Proc.
„	„	II.	„	5 „
„	„	III.	„	7—8 „
„	„	IV.	„	17—18 „
„	„	V.	zuletzt circa	23 „

Beim Sieden wird Soole 27 Proc., alsdann crystallisirt bei langsamem Kochen Salz heraus. — Mutterlauge 40 bis 45 Proc. nach der Siedpfannen-Waage. Die Soole, ebenso das Kochsalz, so rein, wie es überhaupt gewonnen wird, reagirt alcalisch.

Nach den Mittheilungen des Salineninspectors Herrn Denk ist das Alter der lebenden 100 Arbeiter, welche an den Siedpfannen und Gradirwerken beschäftigt wurden:

2,8	Procent	81—71	Jahr	alt.
2,8	„	75—72	„	„
16,7	„	70—60	„	„
30,5	„	60—50	„	„
22,2	„	50—40	„	„
25,0	„	40—30	„	„

Nach den 35jährigen Erfahrungen des 60 Jahre alten Salinenarztes, des Herrn Dr. Pfriem, kommen Erkrankungen unter den an den Siedpfannen und Gradirwerken beschäftigten Arbeitern sehr wenig vor, trotzdem ihr stark schwitzender Körper der Zugluft häufig ausgesetzt ist. Als Erklärungsgrund für das hohe Lebensalter und die seltenen Erkrankungen der Arbeiter ist ausser dem relativ hohen Gehalte der

Salinenluft an erregtem Sauerstoff an die von Liebig betonte Thatsache zu erinnern, dass erhöhte Alcalescenz des Blutes seine Fähigkeit steigert, Sauerstoff aufzunehmen. Von Liebig erklärt die Wirksamkeit der Carlsbader Quellen durch die Zunahme der Alcalescenz des Blutes, welche die Wässer derselben zur Folge haben sollen. — Die Alcalescenz des Blutes muss sich auch erhöhen, wenn jeder Athemzug Kochsalz in feinster Vertheilung in die Lungen und bei der leichten Löslichkeit desselben durch die Lungen ins Blut führt. Wie die vorstehenden Untersuchungen ergeben, zersetzt die Siedhitze niemals Kochsalz, so dass freies Chlor auch über der Siedpfanne nicht nachzuweisen war. Auch Jod wird an den Gradirwerken nicht frei, so dass der an den Salinen hie und da auffällige Geruch nur die Folge der an den Gradirwerken stattfindenden starken Ozonbildung ist. Wenn die Salinenarbeiter in Folge stärkster und häufiger rheumatischer Veranlassungen selten oder nur leicht erkranken, so liegt die Erklärung darin, dass die Arbeiter reines Blut haben, und der Ernährungszustand, der Tonus des Nervensystemes so widerstandsfähig ist, dass jene besonderen Lähmungsformen des den Stoffwechsel beherrschenden Nervensystemes, welche Fieber und Entzündung heissen und reflectorisch durch die von dem rheumatischen Reize getroffene Haut entstehen, nicht oder nur in geringerem Grade eintreten.

Die Messungen in Kissingen wurden zuerst in gleicher Häufigkeit an dem ersten und zweiten Gradirwerke gemacht, später überwiegend deshalb an dem zweiten Gradirwerke, welches eine concentrirtere Soole, als das erste Gradirwerk, verdunstet, weil sich uns zu ergeben schien, dass — unter gleichen Bedingungen — die Reactionen am zweiten Gradirwerke stärker, als am ersten, ausfielen. Aus den Kissinger Beobachtungen darf man wohl schliessen:

1) Innerhalb der Gradirwerke befindet sich ein relativ abgeschlossener und gleichmässig dunkler Raum, welcher seitlich von den Dornschichten, unten vom Boden, oben vom Dachraume begrenzt wird, dessen Luft so ruhig gelagert und dessen Ozonbildung daher so völlig gleichmässig stattfinden kann, dass in seinem oberen, mittleren und unteren Theile die Ozonreactionen fast völlig gleich ausfallen können (Beobachtung 72 und 73).
2) An der äusseren Seite der Dornschichten kann bei äusserer Windstille auch ein Luftstrom von Unten nach Oben emporsteigen, welcher das in den unteren Lagen producirte Ozon zu dem Ozon der oberen Schichten trägt, so dass die Ozonreactionen mit der Höhe zunehmen (Beobachtung 2,82).
3) Das in den Sammelkasten gefallene und innerhalb desselben gelagerte Ozongas muss seiner grossen Schwere wegen bei ruhiger Lagerung eine um so stärkere Reaction geben, je näher dem Soolespiegel die Messung stattfindet (Beobachtung 48).

4) Das Sonnenlicht schwächt die Reaction, weil die Wärme des Sonnenstrahls das schon gebildete Ozongas (B. 48 und 49) entfernen hilft.

5) Die Beobachtungen 85 und 91 deuten darauf hin, dass vom Blitzableiter — nicht allein von seiner Spitze — eine electrische Strömung ausgeht, welche Ozon producirt, so dass in geringer Entfernung von demselben aufgehängte Reagenzpapiere eine erheblich schwächere Reaction zeigen, als die, welche am Blitzableiter selbst zu constatiren sind.

6) Den grössten Gegensatz bildeten der finstere Berg und die Maxruhe; jener zeigte sehr hohe Nummern, trotzdem er selbst keine Ozonquelle ist und Ozon demselben nur durch den Wind zugetragen wird, — diese zeigte sehr geringen Ozongehalt, trotzdem ihre hohe Vegetation stark Ozon producirte. Die Ursache lag in der Bodenoberfläche, welche auf dem finsteren Berge von Ozonräubern frei, auf der Maxruhe mit Ozonräubern bedeckt war. —

Jede Entfärbung des Reagenzpapieres ist daher nur eine Antwort auf die Frage, wie die Luft eines ganz bestimmten, beschränkten Ortes in einer gegebenen Zeit unter den bestehenden Bedingungen der Wärme, des Lichtes, der Verdunstung, der electrischen Ausströmung, der Vegetation, der Anwesenheit ozonraubender Körper beschaffen ist.

Unsere Bemühungen, die höheren Luftschichten durch einen Luftballon zu messen, scheiterten an der Unmöglichkeit, in Bayern einen passenden Ballon herbeizuschaffen, diese Bemühungen haben in folgendem Pariser Briefe ihren vorläufigen Abschluss gefunden:

„In Betreff des Ballons habe ich mir jetzt eine richtigere Ansicht gebildet und glaube jetzt, dass ein hoher Preis nöthig ist, um den Zweck zu erreichen. Einen Ballon auf ca. 600 Meter steigen zu machen, dass er in 2—3 Stunden wieder herunter kommt, ist viel billiger zu erreichen; was die Sache schwieriger und theurer macht, sind die 24 Stunden Aufenthalt in der Höhe und dass er angebunden bleiben muss. — Es würde einer sehr langen Beschreibung bedürfen, die Sache klar zu machen. Ihre Auftraggeber werden aber Kenntnisse in Bezug auf die Sache haben, um sie nach einigen Andeutungen zu begreifen. 5—600 Mtr. ist an sich eine bedeutende Höhe und der Ballon muss sehr viel Kraft haben, um sie 24 Stunden zu behaupten, ganz besonders im Anfang, muss daher 1000 Cub.-Mtr. messen. — Angebunden hat er weit mehr zu leiden in jeder Beziehung, als wenn er frei ist, daher muss er sehr solide sein. — Das Seil muss mit möglicher Leichtigkeit die grösste Stärke verbinden und muss nach oben immer dünner zulaufen und beim Herauf- und Herunterlassen über eine Rolle laufen, um jeden Ruck zu vermeiden. — Der Fabrikant räth unbedingt dazu, es mitzuliefern (ca. Frcs. 500). Unter ca. Frcs. 12000 — (f. 6000) ist die Sache nicht herzustellen, dann kann aber ein Schiffchen angebracht werden, so dass Personen mitreisen können. —

Wollte eine Person mitsteigen, die 24 Stunden oben bleiben, die Steigkraft des Ballons durch allmäliges Herunterwerfen von Ballast unterhalten, so könnten die Ansprüche an die Kraft des Ballons und desshalb an den Preis verringert werden."

Mentone (France), den 19. Januar 1872.
Hôtel Westminster.

Beifolgend übersende ich Ihnen, schreibt mir Herr Stadtgerichtsrath Max Schulze, Sohn des um Preussens Universitäten so verdienten Ministerialrath Schulze, die Ozonbeobachtungen des Grafen von Bernsdorf, des Dr. Stiege, wie meine eigenen. Ich selbst bin nicht so glücklich gewesen, sehr viel davon auf meinem Observatorium zu entdecken, und auch heute hat sich nichts ergeben, obwohl das in meinem Zimmer ausgehängte Papier — in der Nähe einer mit Wasser gefüllten Schaale aufgehängt — an den äussersten Rändern wie No. 8. oder 9. gefärbt war. Es wird meine Bemühung sein, noch Jemand, der weit zurückwohnt, ausfindig zu machen, damit auch dort Untersuchungen angestellt werden können. Mit der Nähe der Olivenwälder muss man hier sehr vorsichtig sein, weil diese Bäume volle 2—3 Jahr mit Lumpen, die in einem herumgezogenen Graben versenkt dort verfaulen, gedüngt zu werden pflegen. Auch finden sich, wie dies den Italienern eigen ist, in den schmalen Gängen zwischen Gärten und Mauern manche Unreinlichkeiten, die für immer dort liegen bleiben und die Luft verpesten.

Die Bemerkungen des Herrn Grafen v. Bernsdorf, dass wir Frost gehabt haben, sind wohl nicht wörtlich zu verstehen. Wenn sich hier auf der Erde Eis bildet, so geschieht solches wohl nur in Folge der starken und schnellen Verdunstung.

Ozon-Messungen in Mentone an der Westbucht, beim Hôtel du Louvre, welches entfernt vom Meere mit der Front nach Süden liegt, im zweiten Stock nach 12stündiger Luft-Aussetzung und nach der 16theiligen Scala.

1) Am 6. December an dem Fenster nach Norden = 0, in meiner Stube: in der einen Ecke des Papiers einen sehr schwachen blauen Schimmer.
2) Am 7. December nach der Nordseite = 0, nach der Südseite = 0, in dem Garten mit Citronenbäumen nach 24stündiger Zeit = 0.
3) Am 8. December in dem hinter dem Hôtel belegenen Oliven bedeckten Wald, nach 24 Stunden = 0.

	Barometerstand.	Mittlerer Feuchtigkeitsgrad nach Saussure.
4) Am 9. Dec. oben auf dem Berge nach 24 Stunden = 0.	767	45

		Barometerstand.	Mittlerer Feuchtigkeitsgrad nach Saussure.
5)	Am 10. Dec. oben auf dem Berge = 0, im Zimmer: die Ränder d. Papiers sind oben, wo der Nagel befestigt war, schwach blau gefärbt, ungefähr wie No. 7.	765	60
6)	Am 11. Dec. oben auf dem Berge = 0, am Süd- und Nordfenster = 0, im Zimmer: die äussersten Ränder spurweise blau	764	60
7)	Am 12. Dec. am Vorderfenster = 0, Hinterfenster od. Nordfenster = 0, in der Stube = 0	773	60
8)	Am 13. December, an der Nord- und Südseite = 0. .	773	68
9)	Am 14. Dec. keine Beobachtungen, da ich nach dem Hôtel Westminster gezogen bin, welches unmittelbar am Meere liegt südlich . . .	771	65
10)	Am 15. Dec. Beobachtung an meinem Fenster nach dem Meere zu nach 12stünd. Aushang = 0	763	68
11)	Am 16. Dec. ebendort = 0, im Zimmer nach 12 Stunden: die untersten Ränder des Papiers sind eine Linie gross ringsherum schwach blau gefärbt.		

Nach den Mittheilungen des Dr. Stiege, welcher ebenfalls an der Westbucht nicht unfern des Meeres mit der Front gegen das Meer wohnt, zeigte sich am 12., 14., 15. an dem Papier schwache Ozonfärbung.

Nach den Beobachtungen eines an der Ostbucht wohnenden Herrn sollen dort ganz entschiedene Blaufärbungen eingetreten sein. Das Nähere wird vorbehalten.

Ozon-Messungen in Mentone Hôtel Westminster. Es liegt dies Hôtel in der Nähe des Meeres und ist von letzterem nur durch einen neu angelegten und deshalb baumlosen Garten und den öffentlichen Fahrweg getrennt. Vier und zwanzigstündiger Aushang des Papiers, wenn nichts anders bemerkt ist. Das Hôtel liegt mit der einen Front nach dem Meere und zwar nach Süden, die Nordseite geht nach der Hauptstrasse, die auf beiden Seiten mit Häusern eingefasst ist. Mein Zimmer befindet sich im rez-de-chaussée nach Süden.

	Ort der Beobachtung.	Ozon-Gehalt.
15. December	am Fenster meines Zimmers . .	= 0
= 0		nach 12 Stunden.
16. December	dito	= 0
	im Zimmer nach 12 Stunden . . (in der Nähe einer mit Wasser gefüllten flachen Schale aufgehängt)	die äussersten Ränder des Papiers sind nach allen Seiten schwach blau gefärbt
17. „	dito	= 0
18. „	dito	= 0
19. „	dito	= 0
21—23. Dec.	an einem Zimmerfenster nach Süden drei Treppen hoch	= 0 nach 12stünd. Beobachtung.
24. December	an dem Fenster eines nach Norden belegenen Zimmers im ersten Stock	das ganze Papier ist blau gefärbt =No. 5.
25. „	dito	= 0
26. „	dito	An dem Papier befindet sich in der Mitte ein brauner eisenfarbiger Fleck. Nur an dieser Stelle bildet sich nach dem Eintauchen e. stark blaue Färbung = No. 9.
27. „	dito	Dieselbe Bemerkung wie am 26. Dec.
28. „	dito	= 0
29. „	dito	das Papier ist durch Regen verdorben.
30. „	dito	= 0
31. „	dito	= 0
1. Januar	dito	nur an der Stelle, wo das Papier mit dem Nagel befestigt etwas blau.
2. „	auf dem Thorweg-Pfeiler, der von der Strasse nach dem Garten führt ist eine Cigarrenkiste aufgestellt und in derselben das Papier befestigt .	= 0
3—5. Januar	dito	= 0
6. Januar	dito	durch Regen feucht geworden.

	Ort der Beobachtung.	Ozon-Gehalt.
7. Januar	Ort wie beim 24. December . .	= 0
8—10. Jan.	an dem Fenster einer 3 Treppen hoch belegenen Stube Nordseite .	= 0
11. Januar	Ort wie am 24. Dec. u. folgend.	in der Mitte des Papiers ein von oben nach unten gehender Streifen von 1—2 Millimeter Breite = No. 8 oder 9.
12. „	dito	= 0
13. „	dito	das Papier ist fortgefallen.
14. „	dito	= 0
15. „	dito	Mitten durch das Papier ein blauer Streifen = No. 5., der sofort wieder verschwand.

M. Schulze.

Mentone. Oestliche Bucht.

Nachstehende Beobachtungen sind angestellt vom Grafen v. Bernsdorf im Hôtel des îles Brittaniques nach 12stündigem Aushang an der Nordostseite. Das Haus liegt nicht weit vom Meere und ist von Gärten uud Bäumen umgeben.

Dec.	Wind.	Ozongehalt.	Wetter.	Temperatur. M. 7 U.	Temperatur. M. 12 U.	Temperatur. Nachts.
1—9.	NO u. NW.	—	schön	+ 1°	+ 8°	Frost.
10.	NO.	—	schön	+ 2°	+ 9°	Frost.
11.	NO.	—	schön	+ 2°	+ 9°	Frost.
12.	NW.	—	bewölkt	+ 2°	+ 8°	Frost.
13.	N.NO.	—	schön	+ 1°	+ 8°	Frost.
14.	W.	No. 4.	schön	+ 2°	+ 9°	Frost.
15.	NW.	No. 3.	schön	+ 4°	+ 9°	Frost.
16.	NW.	No. 5.	schön	+ 4°	+10°	Frost.
17.	NW.	No. 2.	schön	+ 5°	+ 9°	Frost.
18.	NW.	No. 6.	schön	+ 5°	+ 9°	Frost.

Jan.	Wind.	Ozongehalt.	Wetter.	Temperatur. M. 7 U.	M. 12 U.	Nachts.
19.	NW.	No. 7.	schön	+ 4°	+ 9°	Frost.
20.	W.	No. 9.	schön	+ 4°	+ 9°	Frost.
21.	NO.	No. 9.	trübe	+ 5°	+ 9°	Reif.
22.	O.	No. 6.	Regen	+ 6°	+ 9°	—
23.	O.	No. 5.	Regen	+ 6°	+ 9°	—
24.	O.	No. 3.	schön	+ 7°	+10°	—
25.	SW.	No. 7.	schön	+ 6°	+10°	—
26.	O.	No. 8.	schön	+ 5°	+10°	Frost.
27.	SW.	No. 7.	schön	+ 5°	+10°	Reif.
28.	SW.	No. 5.	trübe	+ 5°	+ 9°	—
29.	NO.	No. 7.	Regen	+ 6°	+10°	—
30.	NO.	No. 4.	schön	+ 6°	10°	—
31.	NO.	No. 7.	schön	+ 5°	—	Reif.
Jan.						
1.	O.	No. 8.	bewölkt u. windig	+ 5°	+ 9°	—
2.	NW.	No. 7.	schön	+ 5°	9°	Frost.
3.	NW.	No. 7.	trübe	+4½°	+ 8°	Reif.
4.	W.	No. 8.	schön	+ 5°	+ 9°	—
5.	SW.	No. 5.	trübe	+ 5°	+ 9°	—
6.	NW.	No. 8.	Regen	+ 8°	+10°	—
7.	O.	No 7.	Regen	+ 9°	+11°	—
8.	SW.	No. 9.	trübe	+ 5°	+ 9°	—
9.	NW.	No. 8.	schön	+ 5°	+ 8°	—
10.	NW.	No. 5.	schön	+4½°	+ 9°	Frost.
11.	NW.	No. 6.	schön	+4½°	+ 9°	Frost.
12.	N.	No. 5.	schön	+ 5°	+ 9°	Frost.
13.	N.	No. 4.	schön	+ 5°	+10°	Frost.
14.	S.	No. 6.	trübe	+ 6°	+ 8°	—
15.	N.	No. 7.	trübe	+ 6°	+10°	—

Ostbucht. Hôtel des îles Brittanniques.

Beobachtungen des Dr. Stiege von seiner Wohnung aus, die nach Süden an der Hauptstrasse (Westbucht) liegt.

		Barometer.	Feuchtigkeitsmesser.
16. December	= 0	765	69
17. u. 18. Dec.	= sehr unbedeutend .	763	70
		766	56

			Barometer.		Feuchtigkeitsmesser.
19.	December	das Papier zeigt streifweise bis No. 6.	765		80
20.	„		766		80
21.	„		763		85
22.	„	= 0	761	Regen	95
23.	„	= 0	758		80
24.	„	wenig Ozon	765		
25.	„	aufsteigend bis No. 9.	767		82
26.	„		763		81
27.	„		765		80
28.	„	wenig	762		84
29.	„	= 0	761		80
1.	Januar	keine Beobachtung.			
2.	„	No. 5.	761		70
3.	„	No. 7.	765		75
4.	„	No. 7.	767		80
5.	„	No. 2.	764		90
6.	„	Regen desh. k. Beobacht.	762		100
7.	„	dito	762		100
8.	„	= 0	755		90
9.	„	= 0	745		70
10.	„	= 0	755		30
11.	„	No. 4.	761		65
12.	„	No. 9.	765		68
13.	„	keine Beobachtung . .	765		70
14.	„	No. 0.	765		80
15.	„	Regen	762		81

Januar.

Datum.	Temperatur. hor. 7.	hor. 2.	hor. 8.	Character des Himmels	Wind.	Feuchtigkeit.	Barometer	Ostb Ozon	Westbucht. Ozon 1.	Ozon 2.	Ozon 3.
								No.			
16.	+7	+ 9	—	Feucht u. trübe	SO.	80	762	6	—	—	0
17.	+7	+11	—	trübe, d. schön	SO.	81	760	5	—	—	0
18.	+7	+10	—	bewölkt, schön	NO.	84	758	5	—	—	2
19	+8	+ 9	—	windig, Regen	O.	85	755	2	—	—	5
20.	+6	+ 9	—	Regenwetter	N.	84	750	8	—	—	—
21.	+6	+10	—	Regenwetter	NO.	88	759	7	—	—	—
22.	+8	+ 9	—	Regenwetter	NO.	90	761	6	—	—	—
23	+6	+ 8	—	Furchtbarer Regen	NO.	92	755	8	—	—	—
24.	+8½	+8½	—	Furchtb. Regen	NO.	99	753	7	—	—	—
25.	+8½	+10	—	Furchtb. Regen u. Hagel	NW.	99	750	7	—	—	—
26.	+7	+10	—	Feucht u. trübe	SO.	69	755	7	—	—	—
27.	+6½	+10	—	Regnig	SO.	72	755	7	—	3	—
28.	+5½	+ 9	—	bewölkt u. windig	NO.	76	761	7	3	0	—
29.	+5½	+10	—	schön	NO.	80	761	6	0	0	in der
30.	+5½	+10	—	schön	NO.	79	762	6	6	1	Sonne
31.	+5½	+10	—	schön	NO.	70	765	7	7	0	+ 29.

Februar.

Datum.	hor. 7.	hor. 2.	hor. 8.	Character des Himmels	Wind.	Feuchtigkeit.	Barometer	Ostb Ozon	Ozon 1.	Ozon 2.	Ozon 3.
1.	+5½	+10	—	schön	O.	88	767	5	0	0	
2.	+6	+10	—	schön	O.	92	763	6	8*	7	* doch
3.	+8	+10	—	windig u regnig, d. schön	O.	80	763	0	0	7-8	nur am Rande des Papiers.
4.	+6	+11	—	schön	O.	93	763	5	9	7-8	Nord-
5.	+7½	+10	—	trübe, d. schön	O.	92	767	5	8	7-8	licht.
6.	+7	+11	—	trübe, d. schön	O.	91	768	5	9	7-8	

Februar.

Datum.	Temperatur. hor. 7.	hor. 2.	hor. 8.	Character des Himmels.	Wind.	Feuchtigkeit.	Barometer.	Ostb Ozon	Westbucht. Ozon 1.	Ozon 2.	Ozon 3.
7.	+7	+11	—	bewölkt, stürmisch	O.	89	769	4	3	2	—
8.	+9	+10	—	trübe	SO.	90	767	3	0	5	—
9.	$+7\frac{1}{2}$	+10	—	trübe	NW.	90	766	4	2	6	—
10.	+7	—	—	schön	S.	81	766	4	0	5	—
11.	—	—	—	—	—	—	765	—	0	7-8	—
12.	+9	+9	—	Wolken, Regen	—	83	760	0	0	—	—
13	+7	+10	+9	Wolken, Nachts Regen	—	69	763	6	0	—	—
14.	+8	+10	+8	Wolken,	—	79	763	5	0	—	—
15.	$+9\frac{1}{4}$	+9	$+9\frac{1}{4}$	Wolken, Regen	—	89	753	1	5	7-8	—
16	+8	$+12\frac{1}{2}$	$+7\frac{1}{2}$	Heiter, Wind	—	—	755	9	0	7-8	—
17	8	$13\frac{1}{2}$	$8\frac{3}{4}$	Heiter	—	70	762	0	5	7-8	—
18	$7\frac{1}{2}$	$13\frac{1}{4}$	$8\frac{1}{4}$	Heiter	—	66	762	0	0	7-8	—
19.	$8\frac{3}{4}$	$12\frac{3}{4}$	$8\frac{3}{4}$	Bedeckt, Wind	—	45	762	0	3	7	—
20.	$9\frac{1}{4}$	13	10	Bedeckt, Wind	—	43	762	0	1	0	—
21.	10	$9\frac{3}{4}$	$9\frac{1}{2}$	Regen, Wind	—	67	765	0	—	1	—
22.	8	14	$9\frac{1}{2}$	Heiter, Abends Regen	—	86	767	5	3	5	—
23.	$8\frac{3}{4}$	$12\frac{1}{4}$	9	trübe	—	86	767	1	1	0	—
24	$8\frac{1}{2}$	12	9	Heiter, Wind	—	82	766	5	2	—	—
25.	$9\frac{1}{2}$	—	9	Bedeckt	—	92	760	4	0	0	—
26.	$8\frac{1}{2}$	$13\frac{1}{2}$	9	Heiter	—	72	753	7	2	5	—
27.	$8\frac{3}{4}$	15	11	Heiter, Abends Stnrm	—	82	749	5	—	0	—
28.	9	—	8	Heiter	—	72	760	1	—	—	—
29.	$8\frac{1}{4}$	—	8	Heiter, Wind	—	74	767	0	—	—	—

NB. Vom 12. Februar an sind die Temperatur-Beobachtungen von 8 Uhr Morgens.

Die Ozonbeobachtungen sind zwölfstündig (von Abend bis zum Morgen).

In der Ostbucht in dem Hôtel des îles Brittaniques angestellt vom Grafen v. Bredow, vom 12. Februar ab ebenda vom Herrn v. Niebelschütz.

In der Westbucht ad 3 von mir, aber aufgegeben wegen ungünstiger Lage des Hotels.

Ad 1 vom Herrn Rühl (junger Kaufmann aus Darmstadt) in dem Hôtel de Turin, das ganz dicht am Meer liegt, in einem Zimmer mit der Aussicht nach der See, dem Meerwind ausgesetzt, fern von Bäumen.

Ad 2 vom Herrn Dr. X. auf der dem Dr. Gintzmer gehörigen Villa Germania, die weit ab vom Meere auf dem Abhange eines mit Oliven bedeckten Hügels liegt, mit kostbarer Aussicht auf die See. In dem nicht allzugrossen Vordergarten befinden sich Cactus, Aloe und seltene südländische Pflanzen. Anfangs war das Papier nicht genügend dem Luftzuge ausgesetzt, später wurde es weiter vom Fenster ab aufgehängt.

Ozon-Beobachtungen in Meran nach 12stündlichem, nächtlichem Aushang — in einer nach Süden belegenen offenen Veranda — nach der 16theiligen Scala.

Notirt am

4. April 1872	Morgens	7 Uhr	+ 5°R.	Ozon	No. 8.	
5. „ „	„	7 „	+ 10	„	No. 7.	Schön.
6. „ „	„	7 „	+ 10	„	No. 8.	Schön.
7. „ „	„	7 „	+ 10	„	No. 8.	viel Wind, bedeckt.
8. „ „	„	7½ „	+ 11	„	No. 8.	Wind, klar.
9. „ „	. . .	. . .	. . .	„	No. 6.	
10. „ „	„	7½ „	+ 10	„	No. 5.	Schön.
11. „ „	„	7 „	+ 9	„	No. 4. u. 5.	in einzelnen Puncten.
12. „ „	. . .	. . .	. . .	. . .	. . .	
13. „ „	„	7½ „	+ 11	Ozon No. 4. in wenigen Puncten, schön, Abends aber Wind.		
14. „ „	. . .	. . .	. . .	Nur in wenigen Puncten No. 6. od. 7.		
15. „ „	„	7 „	+ 10	Ozon No. 0.		Schön.
16. „ „	„	7 „	+ 11	„ No. 0.		Schön.
17. „ „	„	7 „	+ 12	Das Papier im Ganzen leicht gefärbt. Puncte und Stellen wie No. 9. Himmel bedeckt.		
18. „ „	„	7 „	+ 10	Ozon No. 8. bedeckt, Regnerisch den ganzen Tag.		

19. April 1872	Morgens 7 Uhr	+ 10	Das Papier schön gefärbt, beim Eintauchen im Ganzen No. 8., einzelne Puncte wie No. 9. auch 10. Starker Regen.
20. „ „	„ 7 „	+ 8	Ozon wie am 19., Regen den ganzen Tag und bewölkt.
21. „ „	„ 7 „	+ 9	Ozon No. 5. bis 6. Morgens Himmel bedeckt mit Regen. Nachmittags klarer.
22. „ „	„ 7 „	+ 9	(Keine Ozonbeob. notirt) den ganzen Tag bedeckt, theilweise Regen.
23. „ „	„ 7 „	+ 10	Ozon No. 7. mit dunkleren Puncten. Ganz nebelig und regnerisch den ganzen Tag.
24. „ „	„ 7 „	+ 10	Ozon No. 8. und dunklere Puncte. Bedeckter Himmel. Hin und wieder Regen.
25. „ „	„ $7\frac{1}{2}$ „	+ 12	Ozon No. 9. Bedeckt. Regen fast den ganzen Tag.
26. „ „	„ 7 „	+ 10	Ozon No. 8—9. Himmel klärt sich auf. Sonnig.
27. „ „	„ 7 „	+ 10	Ozon No. 8. Morgens etwas wolkig. Nachher sehr schön.
28. „ „	„ 7 „	+ 12	Ozon No. 5. etwas bedeckt.

Ozonbeobachtungen in Wiesbaden Nenberg I. nach 12stündigem, nächtlichem Aushang (Südseite unter einer von drei Seiten offenen, oben mit einem Dache versehenen Veranda) nach der 16theiligen Scala.

	Ozon-Gehalt.		Witterungs-Ansicht am Morgen um 8 Uhr.
16. Mai 1872	No. 4.	+ 12° R.	Morgens 8 Uhr.
17. „ „	No. 7. einzelne	+ 12	Himmel ganz bedeckt, am Tage zuvor Gewitter und Regen.
18. „ „	No. 9. bis 10.	+ 12	In der Nacht Gewitter und Regen. Die Feuchtigkeit der Luft hatte das Papier schon etwas gefärbt.
19. „ „	No. 8. bis 9.	+ 10	Himmel bedeckt u. Regnerisch.
20. „ „	No. 5.		Himmel bedeckt, Regnerisch.
21. „ „	Keine Beobachtungen während der Nacht. Am Abend zeigte nach 12stünd. Aushang das Papier No. 5.		
22. „ „	No. 9. einzelne Puncte No. 10.	+ 9° R.	Himmel bedeckt und Regnerisch.

23. „ „ No. 9. bis 10. + 9° R. Himmel bedeckt.
24. „ „ No. 7. gesprenkelt + 10 Himmel bedeckt.
25. „ „ No. 9. bis 10. gesprenkelt Ziemlich hell.
26. „ „ No. 5. bis 6. gesprenkelt + 10° R. Klar und heiter.
27. „ „ No. 4. gesprenkelt. Ziemlich klar.
28. „ „ No. 8. gesprenkelt.
29. „ „ Keine Beobachtung. Hell, klar, schön.
30. „ „ No. 0. mässig bedeckt, Nachmittags Gewitter u. Regen.
31. „ „ No. 0. + 10° R. mässig bedeckt.
1. Juni „ No. 9. in einzelnen Flecken. Durch die Feuchtigkeit der Luft war das Papier schon leicht gefärbt. In der Nacht Regen. Morgens ziemlich klar.
2. „ „ No. 8. Sonnig schön.
3. „ „ No. 8. bis 9. Nebelig, Regnerisch.
4. „ „ No. 6. bis 7. Regen.
5. „ „ No. 8. Regen.
6. „ „ Keine Beobachtung.
7. „ „ No. 8. Bedeckter Himmel.

Die Beobachtungen in Meran und Wiesbaden sind von dem Herrn Stadtgerichtsrath Schulze mit den gleichen Reagenspapieren, wie in Mentone, angestellt worden.

Die verschiedensten Pflanzentheile zahlreicher Pflanzen enthalten nach Schoenbein den Sauerstoff energisch erregende Stoffe, welche daher für sich die Fähigkeit haben, mit Guayaktinctur getränkte Papierstreifen zu bläuen. Diese Ozonbilder mögen die Wirkungen der Kräuterkuren, die Heilkräfte der meisten Arzneipflanzen erklären helfen, sie werden jedoch schwerlich einen Beitrag liefern zu der Ozonproduction, welche des Nachts von der Vegetation ausgeht. Die nächtliche Ozonabgabe der Pflanzen an ihre Umgebung ist höchst wahrscheinlich nur die Folge der von den Pflanzen ausgehenden Verdunstung und liefert einen Beleg, dass die Wasserabgabe der Pflanzen, durchaus ungleich der Abgabe des unerregten Sauerstoffs, in der Nacht nicht allein keine Unterbrechung erleidet, sondern auch eine gewisse Stärke hat. Es geht den Pflanzen, wie den Thieren, die freie Electricität des Thierkörpers — so schliesst Alexander Schmidt —, in geringem Grade die Krystallsubstanz des Blutes (das Haematoglobulin) — so lehrt derselbe Forscher — erregen den eingeathmeten unerregten Sauerstoff, allein das Ozon, welches Eduard Lichtenstein in der ausgeathmeten Luft und in der Hautausdünstung nachgewiesen haben will, ist höchst wahrscheinlich nur die Folge der Wasserverdunstung, welche von den Luftwegen und der Haut stetig erfolgt. — Jeder Baum entwässert den Untergrund, ozonisirt die Luft seiner Umgebung um so mehr, je energischer seine Vegetation ist. — Hat die verdunstende Flüssigkeit der verschiedenen Pflanzen einen ungleich starken Gehalt an Salzen? Nach Schaper senkt sich im October der Ozongehalt der Luft plötzlich, beschränkt sich bis zur Mitte des December auf die niedrigeren Grade, steigt dann nach und nach immer höher, bis derselbe im Mai die grösste Höhe erreicht. Von dieser Höhe schreitet derselbe bis zum September so zögernd zurück, dass er in diesem Monate erst dieselben Gradunterschiede zum Mai, wie zum October empfängt: 1,2° Schoenbein. Dieses Auf- und Absteigen der Reaction nach Jahresabschnitten in unseren Breiten scheint darzulegen, dass die Verdunstung die stärkste Ozonquelle der Natur ist, welche nothwendig mit der steigenden Vegetation und Wärme zunimmt und dem Grade der eintretenden Kälte, des abnehmenden Pflanzenlebens entsprechend abnimmt.

Terpentinöl, der Sonne lange ausgesetzt, erhält schwache oxydirende Kräfte. Wir haben hier den Beweis für eine Ozonbildung des directen Sonnenstrahles auf einem anderen Wege, als auf dem der gesteigerten Verdunstung. Der vielfach bewährte Nutzen des Terpentinöles bei nervösem Hüftweh, Gallensteincolik, Lungenbrand und der Rose, die Heilkraft der Luft und Präparate der Nadelwälder lässt uns an die Beziehung das Terpentinöl zum Ozon erinnern. Von den als Säuren sich verhaltenden Harzen des Terpentins (welches pinus silvestris und picea excelsa liefern) zum Ozon wissen wir noch nichts. — Ob Terpentinöl diese oxydirenden Kräfte auch im Blute und in den Organen des Kranken erhält, ob seine Heilkraft wirklich durch Ozon vermittelt wird, wissen wir nicht.

Es ist eine Aufgabe der Zukunft, die bisher dunkle Wirkung der Arzneimittel begreiflich zu machen. Wenige Minuten sind für den lebendigen Organismus ausreichend, um nach aufgehobener Sauerstoffzufuhr seitens der Lungen den gesammten vorräthigen Blutsauerstoff zu verzehren, während das Blut, welches die Gefässwand verlassen hat, ausserhalb des Körpers und nach Abschluss von der Luft erst nach 48 Stunden — wie J. Sachs festgestellt hat — seinen Vorrath an Sauerstoff zu Oxydationen verbraucht hat. — Diesen über 600 Mal stärkeren Stoffwechsel des innerhalb der lebendigen Gefässwand befindlichen Blutes erklärt A. Schmidt dadurch, dass die ozonbildende Kraft der Blutscheiben nur gering, die der freien Körperelectricität sehr gross ist, ja es soll nach A. Schmidt die Gerinnung, die Fibrinbildung als erstes Signal der Abnahme der Ozonbildung zu deuten sein. — Die Frage ist daher berechtigt, durch welche Mittel ist bisher indirect am Krankenbette erstrebt worden, was durch Ozon direct zu erreichen ist? mit anderen Worten, stehen bewährte wichtige Arzneimittel vielleicht in Beziehung zu der fundamentalsten physiologischen Lebensthätigkeit, zu der Ozonbildung? — Abgesehen von den Ozonbildern der Pflanzenwelt soll schwefelsaures Eisenoxydul unter den Eisenoxydulsalzen der stärkste Ozonerzeuger sein; allein selbst den Bestandtheilen unseres Körpers heterogene Metalle: das

Silber, welches sich als tonicum, das Quecksilber, welches sich als desinficienz bewährt hat, verhalten sich — nach Schoenbein — wie die Blutscheiben d. h. sie zersetzen Wasserstoffsuperoxyd und setzen den frei werdenden Sauerstoff in Ozon um. Beide Eigenschaften, Sauerstoff zu erregen und Wasserstoffsuperoxyd zu zersetzen, stehen nach Schoenbein in einem innigen Zusammenhange und kommen fast immer zusammen vor.

Es fragt sich nun, berechtigt die Bläuung des Jodkaliumstärkepapieres, welches nach Schoenbein weit empfindlicher ist, als Thalliumpapier, zu dem Schlusse, dass das atmosphärische Ozon diese Bläuung herbeigeführt hat?

Welche Stoffe giebt's im Dunstkreise, welche fähig sind, Jodkalium zu oxydiren?

Das Regenwasser nimmt die in der atmosphärischen Luft vorhandenen Körper auf. Ozon ist bis jetzt im Regenwasser nicht nachgewiesen worden, obgleich das Wasser, wie das seit zwei Jahren eingeführte Ozonwasser bewiesen hat, Ozongas stark zu absorbiren fähig ist. Liebig fand 1826 im Regenwasser salpetersaures Ammoniak, Schoenbein und Meissner fanden Wasserstoffsuperoxyd, Struve findet in jedem Regen- und Schneewasser salpetrigsaures Ammoniak. Nach Schoenbein entsteht durch jede Verdunstung salpetrigsaures Ammoniak, allein an keiner Stelle kat meines Wissens Schoenbein publicirt, dass durch Verdunstung Ozongas entsteht. In Bezug auf den früher von Herrn Brandes mitgetheilten Ausspruch muss man sich fragen: hat durch dio Bildung von salpetrigsaurem Ammoniak bei der Verdunstung, welche ohne vorhergehende Oxydation des atmosphärischen Stickstoffs oder Ammoniaks nicht zu denken ist, Schoenbein geschlossen, dass der Bildung von salpetrigsaurem Ammoniak eine Bildung von Ozongas durch die Verdunstung vorausgeht? oder hat Schoenbein in der Nähe zur Bleiche bestimmter, befeuchteter Leinwand Ozon durch den Geruch vermuthet? — Auch freie salpetrige Säure und Salpetersäure können nach Goppelsroeder im Regenwasser nachgewiesen werden.

Blaues Lakmuspapier wird in der Luft der Gradirwerke, an der Luft überhaupt nicht geröthet, sondern gebleicht, salpetrige Säure und Salpetersäure können also, weil sie Lakmuspapier röthen und nicht bleichen, das Jodkalium der Reagenzpapiere nicht oxydirt haben. — Salpetrigsaures Ammoniak ist nach Schoenbein unfähig, Jodkalium zu zersetzen. — Wasserstoffsuperoxyd hat schwache oxydirende Eigenschaften; dasselbe oxydirt Jodkalium sehr langsam, so dass selbst die Bläuung einer Jodkaliumstärkekleisterlösung durch Wasserstoffsuperoxyd sehr spät auftritt. Es ist hier zu erinnern, dass eine Lösung von Jodkaliumstärkekleister durch Ozonwasser sich sofort bläut, während die Bläuung des Jodkaliumstärkepapieres durch Ozonwasser in ausreichender Weise erst nach Stunden erfolgt. An der starken und raschen Bläuung der

Reagenzpapiere durch die Luft der Gradirwerke kann das Wasserstoffsuperoxyd entweder gar keinen oder nur einen sehr geringen Antheil haben. — Mit Wasser vermischte salpetrige Säure hat ein viel grösseres Vermögen, zu oxydiren, als eine gleich wasserreiche Salpetersäure, — es wird daher, weil salpetrigsaures Ammoniak nicht fähig ist, Jodkalium zu oxydiren, auch das salpetersaure Ammoniak nicht im Stande sein, die Reagenzpapiere zu bläuen.

Das nach der Grösse seines Vorkommens, nach der Energie seiner oxydirenden Kräfte weitaus mächtigste Oxydationsmittel der Atmosphäre ist daher Ozon. —

Ozon, Wasserstoffsuperoxyd, salpetrigsaures oder salpetersaures Ammoniak sind Körper, welche gemeinschaftliche Entstehungsbedingungen zu haben scheinen, weil sie mehr oder weniger gemeinschaftlich vorkommen. Auch bei der Verbrennung von Alcohol, von Wasserstoff sind sie durch Struve nachgewiesen worden. Ebenso ist Ozon im Blute von Alexander Schmidt zuerst, Wasserstoffsuperoxyd im Harn von Schoenbein, salpetrigsaures Ammoniak im Speichel, immer in der ausgeathmeten Luft, — zumal nach der Mahlzeit — von Struve nachgewiesen worden. —

Meissner hat nun bewiesen, dass überall, wo Ozon entsteht, Antozon, also nach Engler und Nasse Wasserstoffsuperoxyd entstehen muss. Bei einer Menge von Oxydationsvorgängen, welche unter Mitwirkung des Wassers ablaufen, tritt nach Schoenbein Wasserstoffsuperoxyd auf. Wasserstoffsuperoxyd ist in unserem Blute ein vorübergehender Bestandtheil, — dasselbe wird — weil die Fähigkeit der Blutscheiben, Wasserstoffsuperoxyd zu zersetzen nach Alexander Schmidt enorm gross ist — sofort nach seiner Entstehung zersetzt und nach Schoenbein in Wasser und Ozon umgesetzt. Das verschluckte salpetrigsaure Ammoniak des Speichels, meint Struve, wird im Magen zersetzt zu Chlorammon und in salpetrige Säure, welche als kräftiges Oxydationsmittel den Mageninhalt hilft resorsirbar zu machen. — So kostspielig es ist, durch Wasserstoffsuperoxyd Magen und Blut mit Sauerstoff zu versehen, so billig wird dieses Ziel durch salpetrige Säure haltiges Wasser zu erreichen sein. Scott, Thomson, Henoch, Frerichs haben von der Salpetersäure, obgleich dieselbe erheblich schwächer, wie salpetrige Säure, oxydirt, schon Nutzen gesehen bei der Gelbsucht, des Catarrhes der Gallenwege und der chronischen Leberentzündung. Die Beobachtungen dieser Forscher, meine Beobachtungen der souveränen Bedeutung des Ozonwassers in protrahirten Fällen von Gelbsucht gestatten, die Wirkungsweise des Königswassers als die eines Oxydationsmittels zu deuten und lassen es nothwendig erscheinen, klinische Versuche mit salpetriger Säure zu machen, welche durch Wasser sehr stark verdünnt worden ist.

Bei den Verbrennungs- und Verdunstungsvorgängen der Atmosphäre, bei terrestrischen Verbrennungen, im Thierkörper begegnen wir also den gleichen oxydirenden Körpern: Ozon, Wasserstoffsuperoxyd, salpetriger Säure, Körpern, welchen in verschiedenem Grade die Fähigkeit innewohnt, zu oxydiren auch bei niederen Temperaturen. Das Eigenthümliche des thierischen Chemismus beruht daher weder in dem Umfange und der Energie seiner Oxydationen bei relativ niedriger Temperatur, noch in der Art seiner Oxydationsmittel. —

Der unerregte Sauerstoff ist unfähig, bei unserer Eigenwärme Verbindungen mit den Bestandtheilen unseres Körpers einzugehen. — Ist nicht der verdichtete unerregte Sauerstoff im Stande, bei unserer Eigenwärme die Bestandtheile des lebendigen Körpers energisch zu oxydiren? Diese Frage ist berechtigt, weil der unerregte Sauerstoff von den Blutscheiben verdichtet und doch so lose gebunden wird, dass er durch mechanische Mittel abtrennbar ist.

Die drei folgenden Versuche verneinen die Frage:

Erster Versuch: Alcohol, vom Blute aufgenommen, wird im Blute und in den Organen zu Essigsäure und diese wird zu Kohlensäure und Wasser oxydirt. — Am 19. December 1871 wurden 15 Grammes Spirit. vin. rectificatissim. mit Sauerstoffwasser (ein Litre des Wassers enthält $1^2/_5$ Litre Sauerstoff) in einer Litreflasche vereinigt und sorgfältigst mit Kork und Draht verschlossen. Die Mischung wurde am 29. April geprüft. Weder der Geruch, noch Röthung des Lakmuspapiers deuteten in der völlig klaren Lösung auf eine Säure.

Zweiter Versuch: 15 Grammes Spirit. vin. rectificatissim. wurden mit starkem Ozonwasser in einer Litreflasche vereinigt. Nach 19 Tagen saure Reaction und Geruch nach Essigsäure.

Dritter Versuch: Jodkalium ist sehr leicht oxydirbar. Zwei Esslöffel einer Jodkaliumstärkekleisterlösung wurden in der vorher erwähnten Weise mit Sauerstoffwasser vereinigt. Nach 19 Tagen war Pilzbildung eingetreten, jedoch keine Spur einer Bläuung der Lösung.

Aus obigen Versuchen ist zu folgern, dass nur der erregte und nicht der verdichtete unerregte Sauerstoff leichter oxydabele Körper, wie Jodkalium, Alcohol, geschweige denn schwer oxydirbare Körper, wie Eiweiss, Blutfarbstoff, zu oxydiren vermag; letztere Körper erfordern nach Alexander Schmidt viel Ozon; Eiweiss wird durch mehrtägige Einwirkung des Ozons — nach Gorup-Besanez — ganz in Gase verwandelt, also vollkommen, ohne Aschenrückstand verbrannt, ebenso Globulin, das im lebendigen Blute vorkommende und durch Kohlensäure feinkörnig gefällte Oxydationsproduct des Hämatoglobulins. — So ist denn nur der erregte Sauerstoff fähig, die ebenso umfänglichen, wie überaus energischen Oxydationen des Thierkörpers auszuführen, sei es, dass er direct entsteht oder zugeführt wird, sei es, dass er durch Wasserstoffsuperoxyd oder salpetrige Säure oder Salpetersäure zur Action kommt. — So scheint Schoenbein mindestens für den Chemismus des Thierkörpers Recht zu haben, dass nur der erregte Sauerstoff der thätige Sauerstoff ist. —

Der Erregung des Sauerstoffs in unserem Körper geht seine Verdichtung durch die Blutscheiben voraus; je geringer der Barometerdruck wird, um so mehr wird die Fähigkeit der Blutscheiben sinken, den Sauerstoff zu verdichten. Wenn daher in zu grossen Höhen Schwächezustände, Blutungen u. s. w. beobachtet werden, so werden um so mehr diese Erscheinungen auch auf Mangel des ernährenden Sauerstoffs zurückzuführen sein, als es keineswegs ausgemacht ist, dass der Schaper'sche Satz, der Ozongehalt der Luft steige mit der Höhe über der Bodenoberfläche, auch für die höchsten Schichten der Atmosphäre seine Geltung hat.

Die freie Luft kann reich an oxydabeln Körpern und nicht unerheblich ozonhaltig sein, und zwar in allen den Fällen, in welchen an ein und derselben Stelle gleichzeitig starke Heerde der Verwesung und starke Zufuhren oder Productionsstätten des Ozons sich vorfinden. — Der Vernichtungskampf, welchen das Ozon gegen die combustibeln Körper der Luft führt, geht in dem gasförmigen Medium der Atmosphäre nach und nach vor sich, geschieht nicht in explosiver Weise. Man darf also aus der Gegenwart von Ozon in der Luft eines Ortes nicht auf ein Freisein seiner Luft von oxydabeln Stoffen schliessen. Dieser Satz wird durch folgende Messungen bewiesen, welche ich vom 2. Juli d. J. Abends 8 Uhr bis Morgens 8 Uhr des 3. Juli im Thiergarten Berlins mit neuen überaus empfindlichen Papieren ausführte.

Die Schönbein'schen Papiere reagiren so träge, dass eine 12- bis 24stündige Beobachtungszeit eine Nothwendigkeit ist, um Färbungen in ozonhaltiger Luft zu erhalten. Die Messung des atmosphärischen Ozons wird erleichtert und feiner, wenn wir im Besitz von Papieren sind, welche sehr rasch durch vorhandenes Ozon gefärbt werden.

Diese empfindlichen Papiere sind zumal dann an der Stelle, wenn nur kurze Beobachtungszeiten zu Gebote stehen und die Papiere unter den Augen bleiben können. — Es ist gestattet zu schliessen, dass um so mehr Ozon vorhanden ist, je rascher an demselben weissen Papiere die Färbung beginnt und mehr oder weniger intensiv wird. — Die Herren Krebs und Kroll haben daher auf meine Veranlassung aus Lösungen von Jodkalium und Stärke in den verschiedensten Verhältnissen Papiere bereitet und mir zur Prüfung übersandt und dasjenige Papier, welches mir sich weitaus am empfindlichsten zeigte und für Beobachtungszeiten unter 12 Stdn. durchaus ausreicht, ist beibehalten worden. — Die hohen Nummern der Scala werden von diesen neuen Papieren rascher, als durch die bisherigen, erreicht und wenn sie keine Reaction zeigen, so ist der Schluss weit sicherer, als nach Anwendung der Schönbein'schen Papiere, dass Ozon nicht vorhanden ist. — An einem solchen neuen Reagenspapiere habe ich, — allerdings bis jetzt nur einmal, — folgende Beobachtung gemacht, welche die energischste Einwirkung des Ozons beweist und es rathsam erscheinen lässt, wenn man sehr starken Ozongehalt in der Luft vermuthet, das Papier nur mehrere Stunden zu exponiren. — Das Papier war auf dem Balcon meiner Wohnung, welcher für Wind und Vegetation sehr günstig gelegen ist, im Juni d. J. um 11 Uhr Mittags aufgehängt: gegen 4 Uhr Nachmittags starke Färbung, dann Beginn einer Entfärbung, so dass gegen 8 Uhr Abends das Papier fast farblos war. Von dieser Zeit neue Färbung, so dass nach 10 Stunden das Papier Reaction 9 zeigte. Das Jod der Jodstärke wurde in diesem Falle höchst wahrscheinlich zu Jodsäure oxydirt, welcher die Bildung neuen Jodamylums folgte. In Bezug auf die Empfindlichkeit der neuen Papiere schreibt mir am 13. Juli d. J. Dr. Mogk von Ludwigshöhe bei Lauf in Mittelfranken: „Mein Aufenthalt ist im Gebirge in Mittelfranken, etwa 1500 Pariser Fuss hoch. Der Ozongehalt ist sehr bedeutend. In 10 Stunden oft Nr. 12. Ihres Ozonometers und zuweilen nach 25 Minuten ist das Papier schon deutlich gefärbt.“

Die Reactionen der nachfolgenden Messungen lassen sich daher nur annähernd mit den früheren Messungen vergleichen.

A. In dem Theile des Thiergartens, welcher frei von Sümpfen und foetiden Wasserläufen ist:

1) Das Papier war 6 Fuss hoch an einem baumartigen, an einem breiten Wege stehenden Strauche befestigt, und war so frei aufgehängt, dass es dem Winde überaus zugänglich war: . . . . Nr. 11.
2) An der Rinde eines Alléebaumes, so dass rechts ein breiter Fahrweg, links ein breiter Fussweg sich befand, 6 Fuss hoch angeheftet: . . . . Nr. 10.
3) Im Gebüsch unter Blättern und grünen Pflanzenstengeln hängend, jedoch vom Winde nicht zu erfassen . . Nr. 7.
   An den Rändern . . . . Nr. 9.
4) In einem Spalte der borkigen, tief zerklüfteten Rinde eines an einem Wege stehenden, sehr starken Baumes, nur der äussere Rand des Papieres zeigte Nr. 6, der übrige Theil farblos, weil er der freien Luft nicht zugänglich war und von der Rinde selbst keine Verdunstung ausging.
5) Zwischen einzelnen Bäumen und Gesträuch sechs Fuss hoch aufgehängt, der Boden war *stark mit vermoderten Blättern bedeckt* . . . . Nr. 10.

B. In dem Theile des Thiergartens, welcher von foetiden Wasserläufen durchzogen wird:

1) Papier, dem Winde sehr ausgesetzt, acht Fuss oberhalb des Wasserspiegels in der Mitte der stromaufwärts

sehenden Wand einer Brücke befestigt, welche über einen foetiden Wasserlauf führt: . . . . Nr. VIII.

2) Papier an einer vegetationsfrischen, also ozonproducirenden Nessel befestigt, welche hart am Rande eines Wasserlaufes steht, dessen nicht träge fliessendes Wasser über 50 Schritt weit zu riechen ist: . . . . . . Nr. 4.

3) Von der Ausgangsöffnung eines Brückengewölbes acht Fuss entfernt, $2^1/_2$ Fuss oberhalb des Wasserspiegels an einer abgestorbenen Nessel befestigt, welche hart am Rande eines nicht träge fliessenden, jedoch sehr foetiden Wassers sich befand: . . . . Nr. 0.

Nach den Mittheilungen des Herrn Regierungs-Medicinalrathes Schaper hat ein an der Ostsee wohnender Arzt, dessen Name nicht genannt worden ist, stets höhere Reactionen notirt, als in Danzig verzeichnet wurden. — Die negativen Resultate an der Mentoner Westbucht vom 15. December 1871 bis 15. Januar 1872, während an der östlichen Bucht Mentones innerhalb derselben Zeit täglich Ozon oft in erheblicher Menge nachweisbar war, können den aus meinen Untersuchungen mit Nothwendigkeit folgenden Satz, dass das Meer eine ungeheure Ozonquelle ist und um so mehr Ozon producirt, je stärker seine Verdunstung und sein Salzgehalt ist, nicht erschüttern, wenn auch derselbe Beobachter, welcher die negativen Resultate hatte, in Meran und Wiesbaden hohe Reactionen zu notiren Gelegenheit fand, als er sich derselben Papiere, wie in Mentone, bediente. Gleicht die Westbucht Mentone's dem Hafen von Marseille, Havanna, deren Wasser sehr unrein ist? Mag die Deutung jener auffälligen negativen Resultate später ausfallen, wie sie will, es galt, durch ein zweifelloses Experiment zu zeigen, dass das verdunstende Meerwasser allein für sich ein starker Ozonbilder ist. — Auf einer Fahrt von Eldena nach Lauterbach-Putbus am 6. Juli d. J. — entfernt von der Küste des Festlandes und Rügens — färbte sich das Papier schon, nachdem es 40 Minuten einem mässigen Winde ausgesetzt worden war. — An die Sassnitzer Küste auf Rügen grenzt nach Osten das unabsehbare, freie Meer; an einem sonnigen Tage, am 8. Juli, trat ein mässig starker Ostwind ein, welcher nicht gestattete, dass das Ozon der Küstenvegetation über die nahe Ostsee sich ausbreitete. An einem 60 Fuss vom Strande entfernt im Meere liegenden, von schäumenden Wellen umspülten Felsblock, 5 Fuss über dem Wasserspiegel, nicht der Sonne, nur dem Winde ausgesetzt, befestigte ich um 10 Uhr Vormittags ein Papier: schon nach zwei Stunden zeigte es sehr starke Färbung.

(Die Scala hatte ich leider in Berlin zurückgelassen.)

Die Reactionen an der Küste von Sassnitz, zu welchen sich das Meerozon mit dem Vegetationsozon der rein gehaltenen, mit Buchen bedeckten Küste vereinigten, — zumal in einem balsamisch riechenden Tannenwalde — waren schon nach sechs Stunden überaus stark. — Was von den Salinenarbeitern gilt, soll noch mehr von den Schiffscapitainen gelten: fast immer kerngesund — trotz zeitweise wüster Lebensweise — erreichen sie meist ein Alter von mindestens 70 Jahren. In einer Familie, aus welcher seit Generationen Schiffscapitaine hervorgehen, theilte man mir als Beweis für den allbekannten stärkenden Einfluss der Meeresluft mit: ein magerer, bleicher, schmächtiger Knabe litt bis zum 15. Jahre jede Nacht an Harnincontinenz. Er wurde Seemann. Schon von der ersten Seereise nach England, welche 5 Wochen dauerte, kam er mit frischem Aussehen, mit grösserer Muskelkraft und dauernd befreit von seinem Leiden zurück.

Welche Bedeutung hat das atmosphärische Ozon für das Luftmeer und den Menschen?

Die Luft ist für den Menschen giftig, wenn sie 1) Kohlensäure und 2) oxydabele Körper (Ozonräuber) enthält.

Die Kohlensäure — zu $^1/_{10000}$ in der freien Luft vorhanden, wenn nicht aussergewöhnliche Zufuhren bestehen — häuft sich in bewohnten, nicht ventilirten Räumen zu Procenten an. Wenn die durch die an Kohlensäure reichen Getränke verursachten Erregungen: gesteigerte Herzaction, raschere Hirnthätigkeit, lustvoller Rausch u. s. w. eine Erhöhung der Lebenskraft vortäuschen, — wenn der Genuss der Kohlensäure auch den Sinnen schmeichelt, und die Nerven der Nasenschleimhaut angenehm kitzelt, wenn die Kohlensäure auch in den Mineralwässern Darmbewegungen herbeiführen hilft, so wird doch jede Erregung mit nachfolgender Schwäche des Hirns, des Herzens, des Magens, des Darmes u. s. w. erkauft, — so verliert sie doch nicht die Bedeutung eines die Ernährung des Muskel- und Nervensystems störenden Giftes, zu dessen Götzendienst in der Diaetetik und Heilkunde der Gegenwart eine unfertige Wissenschaft, eine unvollkommene Beobachtungskunst, eine unfeine Beurtheilung des Triebwerkes des Organismus, eine nicht hohe Auffassung des Naturhaushaltes sich vereinigt haben. — Es ist eine der ersten Wirkungen der Kohlensäure, dass sie theils auf chemischem, theils durch abnorme Erweiterung der Blutscheiben auf physicalischem Wege (A. Schmidt) das lebendige Blut seiner natülichen hellrothen Farbe beraubt. Wenn nun auch der Sauerstoff innerhalb des lebendigen Körpers die Blutkohlensäure verdrängt, die durch die Kohlensäure gelähmten Blutscheiben wieder tonisirt und verkleinert, die durch die Kohlensäure herbeigeführte, dunkele Färbung des Blutes, kurz alle noch zu beseitigenden Giftwirkungen der Kohlensäure bewältigt, so ist gleichwohl der atmosphärischen Kohlensäure gegenüber das Ozon völlig machtlos, weil in der Kohlensäure der Kohlenstoff mit dem grösstmöglichen Quantum von Sauerstoff bereits sich verbunden hat. Die Kohlensäure ist also kein Ozonräuber, hilft vielmehr durch ihre dem Ozon unantastbare Qualität die Harmonie des Naturhaushaltes begründen, welcher der Kohlensäure als wichtigsten Nährstoffes der Pflanzen bedarf. — Weil die Kohlensäure kein Ozonräuber ist, ist sie nicht derjenige Giftstoff der Luft, welcher unseren Infectionskrankheiten zu Grunde liegt.

Das giftige Ammoniak, welches als regelmässiges Endproduct der Fäulniss stickstoffhaltiger organischer Substanzen in den Dunstkreis emporsteigt, wird durch's Ozon in salpetrige Säure und diese in Salpetersäure oxydirt, also in zwei Körper, welche bei niederen Temperaturen das Regenwasser von verbrennbaren Körpern befreien helfen. — In gleicher Weise werden die giftigen Gase: Kohlenwasserstoff, Schwefelwasserstoff, Schwefelwasserstoff-Schwefelammonium, welche aus den Verwesungs- und Fäulnissheerden in die Atmosphäre emporsteigen, durchs Ozon in Kohlensäure, Wasser, Schwefelsäure (?), Salpetersäure oxydirt. Die eben genannten Gase sind allerdings Ozonräuber; allein weder allein, noch in ihrer Gesammtheit bilden sie wegen ihrer relativ geringen Menge den eigentlichen Giftkörper der Luft. —

Unsere Infectionskrankheiten: Wechselfieber, Typhus, Cholera, Ruhr, Masern, Pocken, Scharlach u. s. w. sind nichts weniger als Gasvergiftungen, noch weniger sind sie einfache Vergiftungen durch die atmosphärische Kohlensäure, für welche bekanntlich die Empfänglichkeit niemals erlischt. Die Natur unserer Infectionskrankheiten zwingt zu der Annahme, dass ihre Ursache in Ozonräubern liegt, welche einer Vermehrung fähig sind und als solche kennen wir zumal die Fäulniss erregenden Vibrionen. — Diese kleinsten organischen Wesen sind relativ so überwiegend in der geschlossenen und unreinen freien Luft vorhanden, dass sie wegen ihrer allein hervortretenden Wirkungen auf den Menschen den Namen des Giftstoffes der Luft mit grösserem Rechte, als die giftigen Gase, verdienen.

Weil die Bewohner geschlossener, also ozonfreier, an Ozonräubern reicher Wohnungen nur ausnahmsweise erkranken, so muss der Mensch im Besitze natürlicher entgiftender Kräfte sein. Wenn ein Mensch durch die Luft- und Wassergifte erkrankt ist, sei es, dass Ozonräuber der Luft und des Wassers zu stark von Aussen aufgenommen wurden, sei es, dass die natürlichen entgiftenden Kräfte des Erkrankten im Verhältniss zu den giftigen Zufuhren von zu geringer Grösse waren, so haben wir die Zufuhr der Ozonräuber zu sistiren und jene natürlichen entgiftenden Kräfte künstlich zu steigern. Welcher Art ist die uns innewohnende desinficirende Kraft?

Unerregter Sauerstoff, — selbst in geringer Menge in die Jugularvene gespritzt, — wird so wenig vom Blute absorbirt, dass er, wie jedes indifferente Gas, im rechten Herzen sich anhäuft und sofort tödtet (A. Schmidt). Allein es findet überall, wo das an Kohlensäure und Wasser reiche Blut durch die dünnen Gefässwände der Lunge, der Haut, des Magens, des Darmes von der an Kohlensäure und an Wasser armen Atmosphäre getrennt wird, ein Strom von Kohlensäure und Wasser aus dem Blute zur Luft und andererseits von Sauerstoff aus der Atmosphäre zum Blute schon nach den Gesetzen der Diffusion der Gase statt. Der Sauerstoffstrom erfolgt um so stärker, als das Blut eine so ungewöhnlich grosse Anziehung auf den atmosphärischen Sauerstoff ausübt, dass derselbe von den Blutscheiben verdichtet und sodann — höchst wahrscheinlich durch die Körperelectricität — in Ozon verwandelt wird. — Der erste Weg, die natürliche entgiftende Kraft zu erhöhen, war daher für mich, die Lunge und die Haut mit reinem Sauerstoff, statt mit atmosphärischer Luft in Berührung zu bringen und dem Körper die Erregung des künstlich zugeführten unerregten Sauerstoffs zu überlassen. Englische, französische, amerikanische Collegen hatten kleine Gaben reinen Sauerstoffes angewandt, ich sehe nur grosse Erfolge, wenn Massen, Kubikfusse des Gases zur Anwendung kommen. — Wasserstoffsuperoxyd entsteht in uns und wird als atmosphärischer Arzneikörper im Verhältniss zum atmosphärischen Ozon in ausserordentlich geringer Menge uns zugeführt; dasselbe wird ausserhalb des Körpers durch Blut unter stürmischer Gasentwickelung zersetzt. Im Magen von Hunden und Kaninchen, fast gewiss auch im Magen des Menschen wird Wasserstoffsuperoxyd nicht zersetzt und es kann ferner in grossen Quantitäten durch die Blutgefässe des Magens in den Kreislauf aufgenommen werden, ohne freies Gas zu entwickeln. Wir schliessen daher, dass der im lebendigen Blute durch Zersetzung des Wasserstoffsuperoxydes frei werdende Sauerstoff sofort in Ozon umgesetzt, absorbirt und zu physiologischen Oxydationen verbraucht wird. — Man könnte daher zweitens die natürlichen entgiftenden Kräfte durch künstliche Zufuhr von Wasserstoffsuperoxyd erhöhen, allein die Herstellung desselben ist überaus kostspielig und, was noch mehr mich von Versuchen zurückgehalten hat, ist die Mittheilung von A. Schmidt, dass bei Kaninchen und Hunden nach künstlicher Zufuhr von Wasserstoffsuperoxyd Temperaturerhöhungen von 0,7 ° bis 1,3 ° bis 2,0 ° Cels., also Fieber eintraten. — Es ist experimentell von A. Schmidt festgestellt, dass die Blutscheiben, das Blutalbumin, der gelbe Farbstoff des Serums ganz besonders fähig sind, Ozon zu absorbiren, ohne sofort von dem aufgenommenen Ozon oxydirt zu werden — es ist zu erinnern, dass Wasser, also auch das Blutwasser, Ozon in weit grösserer Quantität, als unerregten Sauerstoff, absorbirt, so dass drittens der Weg von mir drei Jahre eingeschlagen worden ist, die natürlichen entgiftenden Kräfte eines Kranken durch künstliche Zufuhr von Ozongas direct nach Willkür zu steigern.

Durch das Medium des Ozonwassers können 30 Cubikcentimeter reines Ozongas und mehr nach meinen zahlreichen Erfahrungen innerhalb 24 Stunden dem leeren Magen und Darm des erwachsenen Menschen einverleibt werden, ohne Aufstossen, ohne Auftreibung des Leibes zu verursachen, — diese Ozonmengen werden aufgenommen mit nachfolgender Steigerung physiologischer Functionen, z. B. unter Erregung von Appetit, Schlaf, Wohlgefühl, Schweiss, aus denen wir schliessen müssen, dass das Ozongas als solches vom Magen und Darm aus in die Blutbahn aufgenommen worden ist, ohne freies Gas zu entwickeln, — dass vielmehr das Ozongas sofort zu physiologischen Oxydationen verwandt worden ist. — Dieselben Beobachtungen machte ich, wenn ich künstlich bereitetes Ozongas inhaliren liess, und es giebt Patienten, welche 4 Cubikfuss reines Sauerstoffgas so stark ozonhaltig ohne Hustenreiz unmittelbar hintereinander inhaliren, dass einige Gasblasen des ozonhaltigen Sauerstoffgases — in drei Unzen einer Jodkaliumstärkelösung (1 Theil Jodkalium, 1 Theil Stärke, 1000 Theile Wasser) geleitet, — sofort Reaction 9 der Scala verursachen. Die natürliche entgiftende Kraft des Menschen ist daher eine Resultante aus mehreren Componenten: sie beruht erstens in unserer Fähigkeit, den von der lebendigen Gefässwand aufgenommenen Sauerstoff zu verdichten, und in Ozon überzuführen, — zweitens in der Fähigkeit der festen und flüssigen Blutbestandtheile, das atmosphärische Ozon, künstliches Ozon bis zu einer gewissen Concentration zu absorbiren, und zu physiologischen Oxydationen zu verwenden, — drittens in der schwer oxydabelen Natur unserer Schleimhäute, welche dem atmosphärischen und künstlich zugeführten Ozon, — welches letztere eine gewisse Concentration nicht übersteigen darf — den Durchgang gestattet, ohne sofort oxydirt zu werden. — Die Zufuhr von Ozon durchs Ozonwasser von den Lungen, dem Magen, dem Darme, der Haut her ist somit der directe Weg, die natürlichen entgiftenden Kräfte des inficirten Menschen zu steigern. — Das Krankenbett hat mich an zahlreichen Beispielen jedoch belehrt, dass das künstlich zugeführte Ozongas auch ein unvergleichbares remedium excitans, roborans, antispasmodicum, haemostaticum, antifebrile und antiphlogisticum ist, dass der lebendige Organismus durch dieses eine Mittel die verschiedensten Ziele erreicht, dass das Ozon der wesentliche Träger unserer eigenen natürlichen Heilkraft ist und dass der stärkende, heilkräftige Einfluss der atmosphärischen Luft, welche Ozon und keine Ozonräuber enthält, ebenso dadurch begreiflich ist, dass unsere natürliche Heilkraft durch das Luftozon erhöht wird, als die schwächende, krankmachende Wirkung der ozonfreien, an Ozonräubern reichen Luft der Wohnungen und ihrer Umgebung dadurch verständlich wird, dass unser Körperozon durch Ozonräuber unter das physiologische Maass herabgesetzt wird. — Die Luft der Höhe, des Waldes, des Meeres, sobald sie reich an Ozon und frei von Ozonräubern ist, ist daher ein Arzneikörper, welcher dem Träger der Heilkraft unseres Körpers nicht allein homogen, sondern sogar völlig gleich ist.

Wie ist nun am Krankenbette der einheitliche Zusammenhang jener so divergirenden Wirkungsrichtungen eines und desselben Stoffes zu begreifen? Oder was dasselbe sagen will, wie ist es den Ozonräubern, welche wir durch Luft und Wasser aufnehmen, erfahrungsmässig möglich, nicht allein Blässe des Gesichtes, allgemeine Mattigkeit, Herabsetzung der Widerstandskraft gegen erkältende Einflüsse, sondern auch jede elementare Krankheitsform: Fieber, Entzündung, Blutung, Schmerzen, Krämpfe, Lähmungen zu verursachen?

Die Verbindungen des erregten Sauerstoffes mit den Körperbestandtheilen haben eine entgegengesetzte, jedoch immer die höchste physiologische Bedeutung, — sie sind wesentlich betheiligt bei der progressiven und regressiven Metamorphose. Mit anderen Worten: der erregte Sauerstoff ist für Blut, Muskel- und Nervensystem unersetzbarer Nährstoff und für den gesunden Körper nur so weit Zehrstoff, als er entlastet, entgiftet, gealterte und verbrauchte Körperbestandtheile in abscheidbare Producte verwandelt und zur Ausscheidung bringt. So werden z. B. die Blutscheiben nur mit Hilfe des erregten Sauerstoffes aufgebaut, allein die alternden Blutscheiben gehen innerhalb der Blutbahn oxydativ zu Grunde, indem sie — nach A. Schmidt — durchs Ozon in Globulin (Serumcasein, fibrinoplastische Substanz), den gelben Serumfarbstoff und das von der Galle später zur Ausscheidung gebrachte Eisen zunächst verwandelt werden.

Es ist zweitens die Eigenthümlichkeit des Chemismus unseres Körpers, dass die Einfuhr der combustiblen Nährstoffe, des comburirenden Sauerstoffs, die ernährenden und entgiftenden Oxydationen, die Bildung und Ausfuhr der Wärme und der Abfallstoffe, kurz der gesammte Stoffwechsel nach seiner Grösse und in allen seinen Phasen unter der Herrschaft eines besonderen Apparates, des Nervensystems, steht und dass nur Ozon eine so rasche und so kräftigende Einwirkung auf diesen nervösen Apparat auszuüben vermag, dass dasselbe als höchster Nährstoff, als der höchste irdische Kraftstoff des Nervensystems gedeutet werden muss. — Im Fieber z. B. ist die Herrschaft des nervösen Apparates über den allgemeinen Stoffwechsel in der Art geschwächt, dass die Einfuhr der oxydabeln Nährstoffe, des oxydirenden Sauerstoffes, die ernährenden Oxydationen (z. B. die Neubildung der Blutscheiben), die Ausfuhr der Wärme, der Kohlensäure, des Wassers, des Harnstoffes zu gering, die verzehrenden Oxydationen und Spaltungen — z. B. der Consum der Blutscheiben — zu stark, zu maasslos erfolgen. Ozon ist nun der einzige Körper, welcher das Nervensystem so zu kräftigen vermag, dass es die über die elementaren und molaren Kräfte im Fieber verlorene Herrschaft rasch wieder erlangt, — welche durch Tonisirung des Nervensystems Schlaf und Schweiss herbeiführt, und unter Umständen den fieberhaften Process rasch coupirt. — Krämpfe, Schmerzen, Lähmungen sind Laesionen des Nervensystems, allein auch Blutungen und Entzündungen scheinen ihren tieferen Grund in Schwäche des nervösen Apparates haben zu können. Es kommt also auf die Stelle an, wo die Ozonräuber das Nervensystem durch Zerstörung seiner normalen Ernährung schwächen, um irgend eine elementare Krankheitsform zu verursachen.

Ebenso wenig, wie wir vor der Einführung des Ozonwassers ein jedem Arzte zugängliches Mittel kannten, welches unter gewissen Voraussetzungen — einen fieberhaften Process zu coupiren, die auf Schwäche der vierten Hirnkammer mit nachfolgender Lähmung der Lebergefässe beruhende Zuckerruhr zu sistiren fähig war, ebensowenig vermochten wir durch Morphium und Chloral Schlaf zu erzeugen, ohne das Nervensystem zu schwächen. Diese Schwächung des Nervensystems durch narcotica tritt wegen einer gewissen Toleranz unseres Nervensystems gegen Gifte nicht sofort, wohl aber durch den habituellen Gebrauch derselben oft so zweifellos hervor, dass sie selbst für den Laien keines Beweises bedarf. Unseren Kranken, welchen die pharmaceutischen Präparate keinen Nutzen mehr zu bringen vermögen, verordnen wir in erster Linie den möglichst langen Gebrauch der stärkenden, reinen freien Luft, „wir verweisen sie an die freie Natur", welche gutes Aussehen, Muskelkraft, Appetit, und auch Schlaf geben kann, ohne zu schwächen. — Nach mündlicher Mittheilung des Herrn Grafen Harrach fand ein seit Monaten durch Schlaflosigkeit Gepeinigter in der auf dem Rigi verbrachten ersten Nacht seinen Schlaf wieder, — im Beginn des Frühlings wird mit der Zunahme des atmosphärischen Ozons Schläfrigkeit häufig beobachtet, — der Inhalation ozonisirten Sauerstoffs sieht man nicht selten unmittelbar einen Schlaf folgen, welcher unwiderstehlich ist. Diesen durch das Ozon der Natur oder der Kunst herbeigeführten Schlaf darf man sich nur als eine Folge der Entgiftung, der besseren Ernährung, der Stärkung des Gehirnes deuten. Wenn der Schmerz der acuten Entzündung, die Schlaflosigkeit des Fiebers, die Diarrhoe eines acuten Darmcatarrhs mit Opium nicht bekämpft werden darf, so liegt der Grund, die Narcotica zu meiden, darin, dass die der Entzündung und dem Fieber wesentlich zu Grunde liegende Schwäche des Nervensystems durch Opium vermehrt wird. — Die Verwendbarkeit des Ozons — natürlich im Verein mit guter Nahrung — gegen jede elementare Erkrankungsform begreift sich also durch seinen Nährwerth für die wichtigsten Gewebe und durch seine Bedeutung als das von der Natur, sowohl vom Organismus, als von der freien Luft gesetzte Tonicum des Nervensystems, von dessen ungeschwächter Herrschaft über den allgemeinen Chemismus und den Stoffwechsel der Organe die Harmonie der Neu- und Rückbildungen, der Functionen, unsere gesunde körperliche und geistige Leistungsfähigkeit abhängig ist.

Wird ein Theil der Fäulniss erregenden Vibrionen vom Körperozon weder vernichtet, noch an der Vermehrung gehindert, so muss er zum Schmarotzer am verdichteten, unerregten Sauerstoff der Blutscheiben, an den Geweben der Organe werden und, indem er innerhalb des lebendigen Körpers faulige Zersetzungen einleitet, Gifte produciren. — Der Streit, wie weit die Gährungen erzeugenden Pilze, die Fäulniss erregenden Vibrionen eine Krankheitsursache sein können, meine ich, erledigt sich dahin, dass die kleinsten Organismen nicht als solche, sondern nur als Ozonräuber, als Schmarotzer am verdichteten, unerregten Blutsauerstoff und an den Bestandtheilen der Gewebe, als Gifte producirende Fäulnisserreger fähig sind, jede elementare Erkrankungsform zu verursachen. Die krankmachende Ursache, welche in den physikalischen Qualitäten der Luft und des Wassers für uns liegen kann, die sogenannte rheumatische Ursache ist bei der Herrschaft des Nervensystems über Gefässe und den allgemeinen und örtlichen Stoffwechsel wahrscheinlich auch fähig, allein für sich jede elementare Erkrankungsform durch Reflex von den Hautnerven aus zu verursachen, allein die rheumatische Ursache vermag, um Erkrankung herbeizuführen, um so erheblicher in ihrer Grösse zu sinken, je mehr das Nervensystem durch die septische Ursache (Ozonräuber) geschwächt ist. — Die Erkenntniss, dass jeder Athemzug im geschlossenen Raume durch Ozonräuber schwächt, in ozonhaltiger, von Ozonräubern freier Luft stärkt, ist um so weniger Allgemeingut, als die „Erkältung“ bei vielen Collegen noch die am meisten zu fürchtende Krankheitsursache ist.

Der Gebrauch des Natur- oder Kunstozons lehrt, dass der Stoffwechsel der Organe bis zu einem gewissen Grade selbstständig vom Stoffwechsel des Blutes vor sich geht; ein Carcinom kann wachsen, während sich das Aussehen erheblich bessert und die Kräfte überaus zunehmen, — andererseits können die Organe dem Anscheine nach normal functioniren, während die fahlgewordene Gesichtsfarbe verkündet, wie tief der Sauerstoffgehalt des Blutes gesunken ist. —

Herr Professor Böttcher zu Frankfurt am Main hat in Hinweis auf meinen Vortrag: „der Giftstoff und Arzneikörper der Luft“ die Resultate meiner Untersuchungen an den Gradirwerken der Kissinger Saline schon 1871 angegriffen, diesen Angriff mehrfach publiciren lassen, bevor er meine im Vorstehenden nunmehr erfolgte Beweisführung abgewartet oder irgend nur eine Arbeit unternommen hat, welche als Nachprüfung jener Untersuchungen zu deuten wäre. Herr Professor von Gorup-Besanez hat — vom Interesse an dem Gegenstande geleitet — bald nach meinem Abgange von Kissingen an den dortigen Gradirwerken die Untersuchungen wiederholt, in einer längeren exacten Arbeit, welche im Februar- und Märzheft der Annalen der Chemie und Pharmacie d. J. erschienen ist, meine These, dass Ozongas auch durch Verdunstung entsteht, bestätigt und von jedem möglichen chemischen Einwurfe befreit. — Den Satz, das es bei der Bildung von Ozongas ausser der Grösse der Verdunstung auch auf den Salzgehalt der verdunstenden Flüssigkeit ankommt, dass die Meeresluft weniger ozonreich wäre, wenn das Meerbecken mit Süsswasser gefüllt wäre, vertrete ich vorläufig noch allein. Von populär - medicinischen Schriftstellern wird die Ozonbildung durch Verdampfung als längst gewonnene Thatsache behandelt; für die Wissenschaft existirt jedoch nichts, was nur vermuthet, sondern nur das, was bewiesen worden ist. „Ueber Bildung von Ozon bei der Verdampfung von Wasser war bis zu Ihrer Entdeckung Nichts bekannt und ich habe Ihre Angaben, sowie die Bestätigung durch von Gorup, mit grossem Interesse verfolgt. Derartige Erscheinungen sind von immenser Wichtigkeit, da sie die grosse Natur betreffen.“ So schreibt Herr Professor Carius am 7. Juli d. J., als ich angefragt hatte, ob die Kissinger Gradirwerke für die Fundstätte einer neuen Erkenntniss gehalten werden dürften. —

Ein Beweis, wie das atmosphärische Ozon die Anerkennung als Arzneikörper noch nicht gefunden hat, sind die im Jahre 1871 erschienenen zahlreichen Arbeiten über klimatische Curorte, von denen nur drei über Ozonmessungen berichten. Pohl theilt nach dreijährigen Beobachtungen mit, dass Aussee in Steiermark Ozon Maximum im März 6,4, und Minimum im December 4,3 gehabt habe. — Gillebert d'Hercourt (Des stations hivernales des Alpes maritimes in Gaz. des Hôp. 1870) fand seit sechs Jahren die Luft zu Monaco sehr ozonreich; Tachini's Ozonmessungen — zu Palermo angestellt — sind im Monatsblatt der Deutschen Klinik für medicinische Statistik mitgetheilt. — Dass das atmosphärische Ozon auf eine andere Art, als durch Verbindung mit oxydabeln Körpern, seinen Untergang findet, ist unwahrscheinlich; nach Andrews wird dasselbe erst durch eine Hitze von 260° Cels. zerstört, so dass es wohl möglich ist, dass das aus der Höhe eines Ortes herabfallende Ozon, soweit es nicht durch electrische Vorgänge, durch unter dem Einflusse der Sonnenstrahlen erfolgende Verdunstung der Nebel und Wolken in dem Dunstkreise eines Ortes selbst entstanden ist, aus weiter Ferne — von Wäldern des Festlandes oder vom Meere producirt — durch Winde zugetragen sein kann. — Da unter den bis jetzt bekannten drei Ozonquellen der Natur: Verdunstung, Verbrennung, Electricität — die Verdunstung sicher am meisten Ozon producirt, so wird zur Desinficirung der Zimmerluft nicht allein das atmosphärische Ozon durch Scharrat's Porenventilation herbeizuholen, sondern auch die Salzwasserverdunstung zu verwenden sein. — Blattgewächse in den Wohnungen sind bei Tage, weniger in der Nacht zu empfehlen, weil die nächtliche Ausscheidung der Kohlensäure durch die Pflanzen in Betracht zu ziehen ist. —

Die Sauerstofftherapie hat in Amerika auch insofern Fortschritte gemacht, als man auch dort mit grossen Gaben zu arbeiten beginnt. „Jerome Smith erwähnt einen Fall von Masern mit Lungenhyperaemie, wo das Gas lebensrettend gewirkt haben soll, sodann mehrere mit Asphyxie verbundene Vergiftungen und einen Fall von morbus Brightii einer Puerpera, die unter der Sauerstoffbehandlung günstig verliefen. Unter den Vergiftungen ist ein Fall von Intoxication mit Chloralhydrat, wo die bestehende Cyanose ausschliesslich durch Oxygen beseitigt wurde, und ein Vergiftungsfall mit Squibbs Choleramixtur (Chloroform mit Opium), wo der Sauerstoff auf die Respiration den günstigsten Effect hatte. — Peaslee theilt den Fall einer Herzkranken mit, welche einen plötzlichen Anfall von Lungenoedem bekam und nur durch fortdauernde Anwendung von Sauerstoff, von welchem in 10 Tagen 1000 Gallonen consumirt wurden, am Leben erhalten werden konnte. Janvrin rühmt die Inhalationen bei Phthisis, Uterinaffectionen mit Anaemie u. s. w. In England hat Guteridge in verschiedenen Krankheiten Sauerstoff mit Erfolg versucht, den er als ein Stimulans, welchem keine Depression folge, und dessen Wirkungen dauernder und rapider, als die gewöhnlicher Tonica, seien, bezeichnet; eine Neuralgie bei allgemeiner Schwäche, eine Anurie nach Scharlach beseitigte er rasch durch Sauerstoff, ebenso nächtlichen Reizhusten und Dyspnoe durch venöse Congestion der Lungen bedingt. — Auch bei nicht ulcerirendem Scirrh und im ersten Stadium von Gebärmutterkrebs sah er Nützliches von der Inhalation.“ — Professor Th. Husemann macht im ersten Bande des von Rud. Virchow und Aug. Hirsch für das Jahr 1871 herausgegebenen Jahresberichtes die vorstehenden Mittheilungen und sind die bezüglichen Quellen derselben in dem Abschnitt: Pharmacologie und Toxicologie des Jahresberichtes nachzusehen. Die Sauerstofftherapie hört jedoch auf, nur Bedeutung für grosse Orte zu haben, sie hat die allgemeinste Bedeutung, wenn sie in der entlegensten Hütte leicht ausführbar ist und diese Bedeutung hat sie durch das haltbare Ozonwasser gewonnen. — Das Ozonwasser ist noch nicht als ein Präparat anerkannt, welches seinen Namen mit Fug und Recht trägt. „Dass man mit einem salpetrige Säure oder Untersalpetersäure enthaltenden, irrthümlich für Ozonwasser gehaltenen Fluidum diejenigen Heilwirkungen soll erzielen können, deren Dr. Lender Erwähnung thut, erscheint mir, sagt Professor Böttger zu Frankfurt am Main in einem ärztlichen Pamphlet, offen gestanden, räthselhaft. Die ganze Ozonwassergeschichte beruht sicherlich auf ganz falschen Praemissen. Ich entsinne mich nicht, dass mein verstorbener Freund Schoenbein bei Angabe der Eigenschaften des Ozons jemals von einem Wasser gesprochen habe, welches eine Ozonreaction gegeben. Ozon wäre sicherlich auch schon im Gewitterregen entdeckt und nachgewiesen worden, wenn Wasser überhaupt ein Absorptionsmittel für Ozon abgäbe, aber meines Wissens hat man bis jetzt nur salpetrigsaures und salpetersaures Ammoniak und hin und wieder auch Wasserstoffsuperoxyd darin nachweisen können.“ Das schwächer oxydirende Wasserstoffsuperoxyd muss leichter nachweisbar sein. Um so reicher das

Regenwasser an oxydabeln Stoffen ist, um so weniger ist Aussicht vorhanden, Ozon in demselben nachzuweisen. — Die Analyse des Professor Dr. R. Böttger zu Frankfurt am Main, nach welcher das Ozonwasser, mit welchem ich gearbeitet habe und arbeite, für nur salpetrige Säure oder Untersalpetersäure haltiges Wasser erklärt wird, trotzdem weder mit Eisenvitriol, noch mit übermangansaurem Kali von ihm untersucht worden ist, ist in Büchner's Neues Repertorium 1872, 21. Band, 3. Heft, Seite 181 übergegangen. Um die Fahne des Professor Boettger schaarten sich daher eine Reihe Chemiker. Herr Professor Dr. A. W. Hofmann schlug deshalb zur Entscheidung des Streites die Herren Professoren Dr. L. Carius in Marburg, Professor von Babo in Freiburg im Breisgau und Professor Soret in Genf vor. Das Carius'sche Gutachten vom 11. März ist mitgetheilt worden. Zwei jüngere Leute, welche niemals in der Ozonfabrik von Krebs und Kroll, nur in der Apotheke des Herrn Krebs beschäftigt gewesen waren, begannen unter Reclamen Ozonwasser zu versenden. Es war eine vergleichende Analyse der Wässer der beiden Firmen nothwendig, weil fort und fort Anfragen mir zugingen über den Unterschied der im Handel unter demselben Namen befindlichen Präparate. —

Es schreibt mir Herr Dr. Hermann Ludwig, a. Professor der Chemie zu Jena am 27. März: „Ich fand gestern das wohlumschnürte Kistchen vor und fand darin unversehrt drei Flaschen — dickwandige Glasflaschen mit guten Glasstöpseln verschlossen und wohlverpicht, signirt: Ozonwasser von Krebs Kroll u. Co., Berlin. (Vor dem Gebrauch wohl umzuschütteln). Beim Oeffnen der einen Flasche drang mir ein ungemein kräftiger Ozongeruch entgegen. Das Wasser selbst war klar und farblos. Gab mit Jodkaliumlösung intensiv gelbe Färbung, durch frisch bereiteten dünnen-Stärkekleister wurde die gelbe Mischung aufs intensivste gebläut. — Guajactinktur, auf weisses Filtrirpapier getröpfelt, dieses mit Wasser übergossen und dazu Ozonwasser gemischt, wurde schön gebläut und auch die anfangs weissmilchige Flüssigkeit nahm blaue Färbung an. — Schwefelsaures Eisenoxydul, in mit verdünnter Schwefelsäure angesäuertem Wasser gelöst, mit Ozonwasser gemischt, gab durchaus keine Färbung. (Eine Gegenprobe mit 1 Tropfen KO, NO^3 liefert intensive bräunlich gelbe Färbung). Schwefelwasserstoff mit Ozonwasser gemischt keine Trübung. — Chromsaures Kali (saures), verdünnte Schwefelsäure oder Salzsäure, Ozonwasser und Aether mit einander geschüttelt, gaben keine blaugefärbte, sondern nur eine farblose Aetherschicht. — Chlorbaryum keine Trübung mit dem Ozonwasser. — Salpetersaures Silberoxyd deutliches Opalisiren, durch Ammoniak verschwindend und durch Salpetersäure wieder erscheinend, aber nicht stärker als zuvor. — Indigolösung (schwefelsaure) wurde vom Ozonwasser rasch gebleicht. — Heute Mittwoch, den 27. März, Nachmittag $3^3/_4$ Uhr, öffnete ich die zweite Flasche Ozonwasser, die in kaltem Zimmer, vor Licht geschützt aufbewahrt worden war und stellte sämmtliche, eben beschriebene Proben auch mit dem Inhalte dieser zweiten Flasche an; dabei constatirte ich dieselben positiven und negativen Reactionen, wie gestern. Als die letzte Probe Ozonwasser aus der Flasche ausgeleert war, zeigte die Luft in dieser Flasche noch einen deutlichen Ozongeruch. Ich muss in Folge dieser Proben bezeugen, dass das Ozonwasser von Krebs Kroll u. Co. in Berlin ein ungemein gesättigtes Ozonwasser darstellt, welches keine salpetrige Säure und kein Wasserstoffsuperoxyd enthält und frei von fremden Beimischungen ist.“ Am 30. März theilte mir Herr Professor Ludwig noch Folgendes mit: „Die dritte und letzte Flasche Ozonwasser hatte im kühlen Zimmer vor Sonnenlicht geschützt bis heute Mittag 12 Uhr gestanden. Beim Oeffnen erkannte ich noch denselben kräftigen Ozongeruch, welchen ich beim Oeffnen der beiden ersten Flaschen wahrgenommen hatte. Auch die Reaction gegen Jodkalium und Stärkekleister war die nämliche ungemein kräftige, wie früher. 1) Uebermangansaures Kali in wässriger verdünntester Lösung, rosenroth von Farbe, wurde mit verdünnter Schwefelsäure angesäuert und mit Ozonwasser gemischt; es blieb die rosenrothe Färbung selbst nach mehreren Minuten unverändert, (ein Gegenversuch mit salpetrigsaurem Kali brachte die Farbe im Nu zum Verschwinden). 2) Bleiessig (basisch-essigsaures Bleioxyd) gab mit dem Ozonwasser anfangs keine Veränderung, nach einigen Minuten hatte sich ein Opalisiren und flimmernde weisse Trübung eingestellt, nach $1/2$ Stunde erschien die Trübung gelblich. Wäre salpetrige Säure zugegen, so hätte bei Reaction 1 doch irgend eine Färbung sich zeigen müsssen. Es ist mit diesen Versuchen constatirt, dass das Ozonwasser von Krebs Kroll u. Co. ein haltbares ist, wenigstens vom 25. März an, dem Tage der Absendung bis heute 30. März. Es ist kein Grund vorhanden, weshalb dieses wohlaufbewahrte Wasser (Glasflasche mit Glasstöpsel) sich nicht auch länger halten sollte. Vergleiche ich dieses Krebs-Kroll'sche Ozonwasser mit dem Grell-Radlauer'schen gleichnamigen Präparat, so bin ich erstaunt über den höchst bedeutenden Unterschied beider Wässer in ihrem Gehalte an Ozon; bei dem Grell-Radlauer'schen Präparate nur schwache Bläuungen mit Jodkalium - Stärkekleister, bei dem Krebs - Kroll'schen Präparate die intensivste Bläuung mit diesen Reagentien. Dabei muss ich hervorheben, dass die Grell - Radlauer'schen Flaschen nur mit Korkstöpseln verstopft waren und deshalb keine Garantie der Haltbarkeit des Wassers boten, während das schöne Krebs - Kroll'sche Ozonwasser in mit Glasstöpseln verstopften Glasflaschen an mich gelangte.“

Andere gewissenhafte Analytiker zu Köln und Berlin wollen nach Mittheilung des Herrn Geheimrath Eulenberg, dem selbst wir werthvolle chemische Arbeiten verdanken, in dem Ozonwasser trotz der früheren Gutachten nur Wasserstoffsuperoxyd gefunden haben, und auch die Berliner Polytechnische Gesellschaft vom 2. Mai d. J. vermochte noch nicht die Thatsache anzuerkennen, dass im Ozonwasser die Absorption des Ozons vom Wasser bewiesen worden sei. Mit der Anerkennung des Ozonwassers war allerdings gleichzeitig die Anerkennung ausgesprochen, dass es gelungen sei, den Arzneikörper der freien Luft unserer willkürlichen Verwendung völlig unterworfen zu haben und dass es eine Forderung der öffentlichen Gesundheitspflege sei, die mit dem künstlichen Ozon am Krankenbette für eine Theorie seiner Wirkung in erschöpfender Weise bereits von mir mitgetheilten Erfolge klinisch zu bestätigen und zu erweitern. — Der chemische Streit ist jedoch, wie ich von den höchsten Vertretern der reinen Chemie höre, völlig beigelegt, seit Herr Professor L. Carius im diesjährigen Junihefte der „Berichte der Deutschen Chemischen Gesellschaft zu Berlin," welche von Herrn Professor Wichelhaus durch die Dümmler'sche Verlagsbuchhandlung zu Berlin herausgegeben werden, unter dem Titel: „Ueber Absorption von Ozon im Wasser" sein motivirtes Gutachten abgegeben und das Gas des Ozonwassers gemessen und gewogen hat. Das Gutachten lautet wörtlich: „Aus dem chemischen Institut der Universität Marburg, 15. Juni 1872:

Die Frage, ob Ozon von reinem Wasser in nachweisbarer Menge gelöst oder, besser gesagt, absorbirt werde, scheint als bisher ganz unentschieden betrachtet werden zu müssen, da von vielen Chemikern mehr oder weniger bestimmt behauptet ist, das Ozon sei „unlöslich" in Wasser. Dass das Ozon von Wasser absorbirt werde, ist besonders von Soret[1]) angedeutet; ich habe nie daran gezweifelt, dass dieses in messbarem Verhältniss geschehe, und zwar, weil bisher von keinem Gase bekannt geworden ist, dass es (bei sorgfältiger Prüfung) nicht in messbarer Menge vom Wasser absorbirt würde.

Leitet man ozonhaltiges Sauerstoffgas bei niederer Temperatur in reines Wasser in einem nicht zu weitmündigen Gefässe, so nimmt das Wasser allmälig den charakterischen Geruch des Ozons an und giebt alle die gewöhnlichen analytischen Reaktionen des Ozons. Indessen nur, wenn das Gas nicht gar zu arm an Ozon war, lässt sich diese Beobachtung machen; mir war z. Th. die Thatsache schon seit Jahren bekannt, indem ich bei der Darstellung grösserer Mengen ozonhaltigen Sauerstoffs nach der Methode von Soret für die Zwecke der Vorlesung oft Gelegenheit hatte, sie zu beobachten. Für den vorliegenden Zweck handelte es sich vor Allem darum, nachzuweisen, dass das von Wasser Aufgenommene wirklich Ozon sei, und dass nicht Wasserstoffsuperoxyd oder salpetrige Säure die Veranlassung der auf Ozon deutenden Reaktionen sei.

[1]) Compt. rend. 56, 390.

Zur Darstellung des Ozons bediente ich mich der vortrefflichen Methode von Soret[1]), durch Electrolyse abgekühlter verdünnter Schwefelsäure unter Anwendung von Platiniridium-Dräthen als Electroden. Ueber den Gehalt des erhaltenen Sauerstoffs an Ozon werde ich unten noch einige Bestimmungen geben. Die Darstellung des Ozonwassers, die Absorption von Ozon (und Sauerstoff) in reinem Wasser, geschah für diesen Zweck so völlig in der unten für den Zweck der quantitativen Bestimmungen beschriebenen Weise, dass ich hier nichts weiter darüber anzuführen brauche, als dass auch hier das absorbirende Wasser die Temperatur + 0,5 bis 3° besass, das Einleiten etwa 2 Stunden lang fortgesetzt, und durch Einsetzen des Glasstöpsels unter Verdrängung zugleich von etwas Wasser für sichere Entfernung alles nicht absorbirten Ozons gesorgt wurde. — Die Prüfung dieses Ozonwassers gab nun folgende Resultate:

1) Die Flüssigkeit zeigte stark und unverkennbar rein den so charakteristischen Geruch nach Ozon.

2) Auf Zusatz von Jodkaliumlösung zu dem Wasser färbte es sich von freiem Jod direct deutlich braungelb, und der weitere Zusatz von Stärkelösung brachte eine so intensive Bläuung hervor, dass nach einiger Zeit ein starker blauer Absatz entstand. — Wurde ferner das Ozonwasser umgekehrt zu der Jodkalium-Stärke-Lösung gesetzt, so konnte die erst entstandene Bläuung durch weiteren Zusatz von Ozonwasser leicht wieder vollkommen zum Verschwinden gebracht werden; ebenso wurde eine wässerige Lösung von Jod leicht durch das Ozonwasser entfärbt, indem in beiden Fällen das Ozon eine Oxydation des Jodes zu Jodsäure bewirkte. —

Setzt man zu dem Ozonwasser in geschlossenem Gefässe etwas Thalliumoxydullösung, so entsteht nach einiger Zeit (bei concentrirtem Wasser schon nach $^1/_2$ Stunde, bei verdünntem langsamer) die Abscheidung von braunem flockigem Thalliumoxyd, dessen Natur auch noch durch Sammeln und weitere Prüfung sicher gestellt wurde. —

Das Ozonwasser entfärbt in energischer Weise Indigo und Lacmus und färbt Guajactinktur tief blau.

3) Lässt man Ozonwasser an der Luft stehen, so verliert es sehr bald seinen Geruch und die intensive Wirkung auf die genannten Reagentien, so dass besonders beim Durchleiten von Luft oder gelinden Erwärmen bald alles Ozon verschwunden ist. — Zur Prüfung der aus dem Wasser entweichenden Gase wurde aus ganz gefüllten Cylindern etwas Wasser entleert, und dieselben dann geschlossen. In dem auf diese Weise im Cylinder entstandenen Gemenge von Luft mit dem Gase aus der Flüssigkeit konnten alle Reactionen angestellt werden, welche gewöhnlich zur Nachweisung des Ozons benutzt werden. So wurde Jodkaliumstärke-Papier sogleich und intensiv gebläut,

[1]) Compt. rend. 56, 390.

Manganoxydul- und Blei-Papier unter Bildung der Superoxyde bald gebräunt, und bei Thalliumoxydul-Papier trat nach $^1/_2$ bis 2 Stunden in den mehrfachen Versuchen stets deutliche, meist starke Bräunung unter Bildung von Thalliumoxyd ein.

Bringt man in eine mit möglichst concentrirtem Ozonwasser ganz gefüllte Flasche Blattsilber und sorgt dafür, dass das Silber vollständig von Wasser bedeckt ist, so kann man eine solche Flasche lange stehen lassen, ohne dass das Silber verändert wird, oder das Ozon verschwindet. Wenn dagegen in dem Gefässe ein kleiner freier Raum war, in welchem das Blattsilber an der Wand haftete, so gelang es mir bei 2 Versuchen, eine wenn auch nicht bedeutende so doch deutlich wahrnehmbare Schwärzung des Silbers, also Bildung von Silbersuperoxyd, zu erhalten. Im einen Falle war das Ozonwasser, wie oben genannt, selbst dargestelltes, im andern das käufliche, wovon ich unten zu sprechen habe; in beiden Fällen stellte sich die Schwärzung erst nach einigen Tagen ein. In zwei andern Versuchen mit selbst dargestelltem Ozonwasser gelang die Bildung von Silbersuperoxyd nicht.

Das im Vorhergehenden beschriebene Verhalten der durch Einleiten von ozonhaltigem Sauerstoff in reines Wasser erhaltenen Flüssigkeit beweist völlig sicher, dass dieselbe Ozon in nicht sehr geringer Menge absorbirt enthält. Der Geruch der Flüssigkeit, die directe Abscheidung von Jod aus Jodkalium und die Oxydation des Jodes zu Jodsäure, die Bildung von Thalliumoxyd aus Thalliumoxydul dürfen wohl als vollkommen entscheidend in dieser Frage angesehen werden, ganz abgesehen von der Bildung von Silbersuperoxyd, die nur in besonders günstigen Fällen zu gelingen scheint. — Es war nun aber noch der directe Nachweis zu liefern, dass in einer solchen Absorption von Ozon in Wasser nicht auch Wasserstoffsuperoxyd und salpetrige Säure vorhanden seien, obgleich die Anwesenheit beider sehr unwahrscheinlich war, da eine Bildung von Wasserstoffsuperoxyd hier kaum anzunehmen, und eine solche von salpetriger Säure nur aus einem Gehalt des Wassers vor der Absorption an Ammoniak stammen könnte, die salpetrige Säure aber durch das ja reichlich vorhandene Ozon in Salpetersäure übergeführt sein würde.

Blaues, sehr empfindliches Lacmuspapier wurde von frisch bereitetem Ozonwasser in etwa $^1/_4$ Stunde entfärbt. Dabei zeigte sich gegen Ende stets ein Farbenton, der einer undeutlichen Röthung durch Säure wenigstens verglichen werden kann. Ich liess daher sorgfältig bereitetes Ozonwasser, in offenem Cylinder sorgfältig vor Staub und Ammoniakgas geschützt, stehen, bis dasselbe nach einigen Tagen nicht mehr auf Jodkaliumstärkelösung einwirkte, und prüfte nun die Reaction dieses Wassers auf Lacmuspapier; dasselbe veränderte die Farbe von sehr empfindlichem blauem Lacmuspapier durchaus nicht.[1])

Um die Prüfung auf Wasserstoffsuperoxyd anzustellen, wurde das Einleiten des ozonhaltigen Sauerstoffs länger als für die andern Versuche, einmal sogar 12 Stunden, fortgesetzt. Dieses stark mit Ozon beladene Produkt wurde durch Schütteln mit reinem Aether und kleinen Mengen sauren chromsauren Kaliums geprüft, aber bei mehrfachen Versuchen ohne die geringste Bläuung des Aethers wahrnehmen zu können. Ferner erwärmte ich diese Flüssigkeit im offnen Becherglase auf 30 bis 40°, bis nach $^1/_2$ bis 1 Stunde eine Probe die Jodkaliumstärkelösung nicht mehr bläute, und prüfte nun mit letzterer unter Zusatz von etwas Eisenvitriollösung. Auch auf diesem Wege konnte keine Spur von Wasserstoffsuperoxyd aufgefunden werden.

Durch diese letztgenannten Versuche ist, glaube ich, sicher entschieden, dass die hier benutzte Ozonlösung allein Ozon (und Sauerstoff), aber keine nachweisbaren Mengen Wasserstoffsuperoyd oder salpetrige Säure enthielt. Ferner kann man wohl sagen, dass auch auf beliebig anderem Wege dargestelltes ozonhaltiges Sauerstoffgas, wenn es rein ist, mit Wasser eine Absorption erzeugt, die frei von den genannten beiden Körpern sein muss.

Bei einem Versuch zur Bestimmung der Absorptionsgrösse des Ozons handelt es sich um ein Gemenge zweier Gase, so dass die Methode, ein gemessenes Volumen des Gases mit einem gemessenen des Wassers in Berührung zu bringen, und aus den Beobachtungen auf dem von Bunsen[2]) angegebenen Wege die Absorptionsgrösse des Ozons zu berechnen, hier leider kaum in Frage kommen kann. Ich habe daher versucht, die Zweite einzuschlagen, wonach ein möglichst (unendlich) grosses Volumen des Gasgemisches durch die Flüssigkeit geleitet wird, und weiter das absorbirte Ozon auf chemischem Wege bestimmt. Leider mangeln aber auch für diese Methode die für exacte Resultate erforderlichen Bedingungen. Nach allen bekannten Methoden kann man das Ozon nur mit sehr viel Sauerstoff gemengt darstellen; dadurch wird aber, selbst wenn der Absorptionscoefficient des Ozons für den mittleren Druck relativ gross wäre, die unter dem partiaren Drucke des Ozongases davon absorbirte Menge sehr klein. Man ist daher genöthigt, grosse Volumina Wasser zur Absorption anzuwenden, damit die Bestimmung der Ozonmenge hinreichend genau ausfällt, und demgemäss natürlich auch grosse Volumina ozonhaltigen Sauerstoffs durch erstere hindurchzuleiten. Keine der bekannten Methoden zur Darstellung liefert auch nur annähernd ein hinreichend constant zusammengesetztes Gemisch

[1]) Auch salpetrigsaures Ammonium war nicht vorhanden, da Jodkaliumstärke auch nach Zusatz von Salzsäure nicht gebläut wurde.

[2]) Gasometrische Methoden. S. 136 u. f.

von Ozon und Sauerstoff auf einige Zeitdauer. Es scheint daher mit den bekannten Mitteln unmöglich zu sein, exacte Bestimmungen des Absorptionscoefficienten des Ozons anzustellen. In diesem Sinne sind denn auch die unten mitgetheilten Versuchsresultate aufzufassen; sie sollen nicht zur Ableitung des Absorptionscoefficienten dienen, sondern nur einen Anhalt für die Beurtheilung der Quantität von Ozon, die unter den gegebenen Umständen vom Wasser absorbirt wird, geben.

Die Darstellung des ozonisirten Sauerstoffs geschah, wie oben erwähnt, nach der Methode von Soret. Der positive Poldraht befand sich in einer etwa 0m,20 bis zur beginnenden Verengerung in der verdünnten Schwefelsäure eingetauchten und also damit gefüllten Glocke von 0m,02 Durchmesser, wodurch es möglich wurde, das Gas in höhere Flüssigkeitsschichten einströmen zu lassen. An diese Glasglocke war das Gasleitungsrohr angelöthet, dasselbe ist M-förmig und der mittlere Theil passend zu Kugeln aufgeblasen, die mit etwas Wasser gefüllt, zur völligen Befreiung des Gasgemenges von der überspritzenden Flüssigkeit dienten. Ausser den beiden Poldrähten war in dem als Zersetzungszelle dienenden Glascylinder noch ein Thermometer eingefügt. Bei allen Versuchen war die Zersetzungszelle in Eis eingesetzt, und die Temperatur im Innern schwankte von + 0,5 bis 3°. Der Ozongehalt des so erhaltenen Gases ist nicht constant, wie schon Soret fand; die folgenden beiden Bestimmungen sind festgestellt, indem das Gas in einem ganz in das in einer geräumigen Glaswanne befindliche, destillirte Wasser eingetauchten Cylinder aufgefangen wurde, in welchen eine mit Jodkaliumlösung gefüllte zugeschmolzene Glaskugel eingelegt war. Nach Beendigung der Füllung wurde der Glasstöpsel des Cylinders unter Wasser unter möglichster Vermeidung einer Aenderung von Druck und Temperatur eingeschoben, durch starkes Schütteln die Jodkaliumkugel zerschellt, und das Ozon absorbirt, worauf der Inhalt des Cylinders der Titrirung nach der Methode von Bunsen unterworfen wurde. Ich erhielt folgende Resultate!

	Vol.	°C.	Barom.	Wasserdruck	Vol bei 0° u 0,76	a	w	t	t'
			m	m					
Vers. 1	71,3	19,0	0,7385	0,120	64,12	0,00104	1	69,4	62,9
Vers. 2	71,5	19,0	0,7382	0,124	64,30	0,00104	1	66,9	58,1

Daraus ergiebt sich:

Vers. 1 0,929 Vol. P. C. Ozon (O_3).
Vers. 2 1,211 - - - -

Die Absorptionsversuche stellte ich so an, dass das Gas in einen mit Wasserstoff ganz gefüllten Cylinder eingeleitet wurde, auf dessen obern Rand eine aufgeschliffene Glasplatte gelegt war, um so den Zutritt der Luft zu verhindern; die Temperatur wurde bei allen Versuchen bei + 2 bis 4° erhalten und der Gasstrom 2 bis 3 Stunden lang so unterhalten, dass mindestens auf jede Secunde eine starke Blase kam. Nach Beendigung des Versuches wurde der Glasstöpsel auf den noch im Eise stehenden Cylinder gesetzt, und so unter Verdrängen des Ueberschusses ein genaues Maass der Flüssigkeit gewonnen, der Stöpsel darauf wieder vorsichtig gehoben, sofort mit Jodkaliumlösung übergossen und diese in den Cylinder fliessen gelassen, auf den Rand desselben die Glasplatte aufgelegt und nach vollständiger Mischung der Jodkaliumlösung mit der Absorptionsflüssigkeit, die Titrirung des freien Jodes nach Bunsen ausgeführt.

Folgende sind so erhaltene Resultate:

	Wasser-Vol.	a	w	t	t'	Gefund. Ozon	°C.	Barom.
Vers. 1	73,5 Cbc.	0,00104	1	49,6	45,5	0,00081	+ 1—2,5	m 0,7365
Vers. 2	73,5 -	—	1	55,0	51,6	0,00067	+ 0,5—2,0	0,7390
Vers. 3	73,5 -	—	1	81,9	78,8	0,00061	+ 1—3,2	0,7426

1000 Cbc. Wasser haben daher in diesen drei Versuchen unter den angegebenen Umständen neben Sauerstoff absorbirt:

Vers. 1 0,0109 Grm. Ozon = 5,11 Cbc. bei 0° und 0m,76,
- 2 0,0091 - - = 4,24 - - - - -
- 3 0,0083 - - = 3,86 - - - - -

Aus diesem Befunde geht hervor, dass die Absorptionsgrösse des Ozons eine recht erhebliche sein muss, da der partiare Druck, unter dem es absorbirt wurde, ja ein so sehr kleiner war. Die Differenzen der drei Resultate sind wenigstens nicht grösser, als aus dem Mangel der Vorbedingungen für exacte Resultate erwartet werden musste.

Ich schliesse diese Mittheilung mit einer kurzen Angabe über das käufliche sog. Ozonwasser, und zwar das aus der Fabrik der HH. Krebs, Kroll & Co. zu Berlin, dessen Prüfung ich auf Verwendung des pract. Arztes Hrn. Dr. Lender übernahm.

Dieses Ozonwasser zeigte bei der qualitativen Prüfung vollständig dasselbe Verhalten, wie ich im Eingange für das von mir dargestellte beschrieb, und wurde also als eine Absorption von Ozon (und Sauerstoff) ohne nachweisbare Mengen von salpetriger, Salpeter-Säure oder Wasserstoffsuperoxyd erkannt.

Die quantitative Bestimmung gab mit zwei Proben verschiedener Sendungen folgende Resultate:

	Wasser-Vol.	*a*	*w*	*t*	*t'*	Gefund. Ozon
Vers. 1	319,0 Cbc.	0,00104	1	52,0	36,5	0,00305
Vers. 2	325,0 „	—	1	47,4	33,0	0,00283

1000 Cbc. dieses käuflichen Ozonwassers enthielten daher:
Vers. 1 . . 0,00955 Grm. Ozon = 4,45 Cbc. bei 0° und 0m, 76,
- 2 . . 0,00871 - - = 4,06 - - - - - - -

So weit Herr Professor Carius. —

Dieses Ozonwasser, welches also fast $^1/_2$ Procent Ozongas enthält, (das Aachener Wasser enthält auf 100 Volumentheile 0,3 Schwefelwasserstoffgas), wird bis jetzt nur äusserlich verwandt; das zum Trinken und zum Inhaliren in Verwendung kommende Ozonwasser enthält $^1/_4$ Procent Ozongas. — Herr Professor Liebreich, welcher in der Berliner medicinischen Gesellschaft die Wirkungen des Ozons auf den Menschen denen des Chlors gleichstellte, demonstrirte in derselben Gesellschaft auf Grund der atomistischen Constitution des Ozons, dass dasselbe inhalirt nicht als solches in das Blut eintreten könne. — Dem am 25. Juli d. J. mir gemachten Einwande eines Chemikers, er könne sich die Aufnahme des Ozongases vom Blute von den Lungen aus wohl denken, nicht aber seine Aufnahme in den Kreislauf von den Wandungen selbst des leeren Magens aus, liess sich Folgendes erwiedern: abgesehen davon, dass die Erscheinungen am Krankenbette zwingen zu der Annahme, dass Ozongas als solches von dem möglichst leeren Darmrohr aufgenommen wird, geht der oxydirende Effect des Ozonwassers auf selbst leicht oxydabele Körper bei Weitem weniger rasch vor sich, als man a priori geneigt ist, anzunehmen. — Die volle Wirkung des Ozonwassers auf ein Schönbein'sches Reagenspapier tritt, wie Herr Prof. Carius bestätigt, erst nach Zusatz einer Spur Säure und erst nach etwa zwölf Stunden ein und nun erwäge man, wie ungemein rasch Wasser von den Wandungen des lebendigen Magendarmrohres absorbirt wird und dass auch das Gesetz der Diffusion der Gase in Betracht kommt.

Zum Schluss noch zwei Mittheilungen: In einer dem Luftzuge ausgesetzten Laube eines Waldes von Steglitz bei Berlin, etwa 50 Fuss über dem Wasserspiegel, wurden von Herrn Krebs im ganzen Monat Juni bis zum 13. Juli täglich Messungen angestellt; sie ergaben als höchste Färbung der sechzehntheiligen Scala Nr. 11, als niedrigste Nr. 3, im Durchschnitt Nr. 6.

Im Juli	von 7 Uhr Morg. bis 7 Uhr Abds.		von 7 Uhr Abends bis 7 Uhr Morgens.
13. Juli	10		9
14. Juli	10		6
15. Juli	11		9
16. Juli	13		8
17. Juli	11		9
18. Juli	11		8
19. Juli	6	Tage sehr heiss.	9
20. Juli	7		9
21. Juli	8		5
22. Juli	6		8
23. Juli	4		keine Messung.

Sehr bemerkenswerth ist die grosse und constante Abnahme des atmosphärischen Ozons während der heissen Julitage (19—23), wenn man den Ozongehalt der Julitage 13—18 vergleicht.

Das Ozon (auch Sauerstoff in grossen Gaben) ist den Bestandtheilen des Nervensystems homogen, so homogen, dass es als unersetzbarer Nährstoff zu deuten ist. Dieser Satz folgt erstens aus der hervorragenden Fähigkeit des Gases, die Functionen des Nervensystems, selbst der Sinnesnerven nach Möglichkeit zu restituiren und zweitens aus der Raschheit, in welcher wohlthätige Wirkungen eintreten können, wenn das Natur- oder Kunstozon dem Blute zugeleitet wird. Wer, wie z. B. der Geheime Sanitätsrath Dr. B., sobald er freie reine Luft athmet, ein erhöhtes geistiges und körperliches Kraftgefühl hat, — sobald er ins Zimmer wieder eintritt, einer Erschlaffung verfällt, muss je nach seinem verschiedenen Aufenthalte eine verschiedene Einwirkung auf sein Nervensystem erfahren, welches höchst wahrscheinlich im ersten Falle durch einen eingeathmeten Stoff tonisirt, im zweiten Falle durch Mangel höchst wahrscheinlich desselben Stoffes laedirt wird. — Meine Ansicht, dass jede elementare Krankheitsform vom Nervensystem — durch Schwächung desselben — verursacht werden kann, findet in neueren physiologischen Arbeiten Unterstützung. Dass Blutungen vom centralen Nervensysteme abhängen können, ist jüngst von Brown Sequard experimentell bewiesen. — Wer hätte ferner bei der Resorption an andere, als an physikalisch-chemische Vorgänge bisher gedacht? und jetzt ist Fr. Golz (Pflüger's Archiv V. 56—73) der Ansicht, dass ein specifischer Einfluss der Nerven auf die Resorption besteht. Vielleicht, meint Golz, sind die Epithelzellen der Lymphgefässe, analog dem Drüsenepithel, die thätigen Elemente, die von Nerven beeinflusst im Innern gleichsam einen Resorptionsdruck herstellen, durch welchen die Flüssigkeit weiter getrieben wird.

Golz hat, meine ich, völlig Recht; die Raschheit der Resorption, welche oft nach Zufuhr von Ozon am Krankenbette in einem früher nicht gekannten Grade beobachtet wird, kann nicht ohne gesteigerte Einwirkung des nervösen Apparates auf die Zellenthätigkeit gedacht werden und weil wir früher kein zuverlässiges Tonicum des Nervensystemes hatten, waren wir dem pneumonischen, pleuritischen, dem glaucomatösen Exsudate u. s. w. gegenüber aus demselben Grunde nicht im Besitze eines verlässlichen Resorptionsmittels, aus welchem uns ein allgemein anerkanntes Mittel vor der Einführung des Ozons in den Arzneischatz gefehlt hat, welches einen entzündlichen oder fieberhaften Process zu coupiren, die Blutungen eines Bluters zu sistiren fähig war. Wenn wir am Krankenbette beobachten, wie verschieden gross die natürlichen resorbirenden Kräfte in den verschiedenen Altersstufen sind, dass z. B. das in die Alveolen eingelagerte feste Infiltrat nach Beendigung des croupösen pneumonischen Processes beim Kinde etwa nach 14 Tagen, beim Erwachsenen etwa nach vier Wochen, beim Greise nach 6 bis 8 Wochen resorbirt wird, so haben wir uns zu erinnern, dass wir kein pharmaceutisches Präparat bisher kannten, welches fähig war, die Resorption zu beschleunigen, mit anderen Worten, die Reconvalescenz abzukürzen, — dass jedoch die Resorption erheblich verzögert und die Reconvalescenz überaus verlängert wurde, sobald durch starke Blutentziehungen die allgemeine Nervenkraft herabgesetzt worden war.

Wer in dem Verhältnisse des Nervensystems zu der Zellenthätigkeit das Erklärungsmoment für alle elementaren Krankheitsformen, auch die des Fiebers und der Entzündung sieht, wird nicht mehr von Fieber- und Entzündungsreizen, sondern von Ursachen des Fiebers und der Entzündung, nicht mehr von im Fieber bestehender allgemeiner Reizung der Gefässe, von in der Entzündung bestehender örtlicher Gewebsreizung, sondern von allgemeiner und örtlicher Lähmung des — den Stoffwechsel beherrschenden — nervösen Apparates sprechen. — Die Gewalt nun einerseits, welche das Nervensystem über den allgemeinen und örtlichen Stoffwechsel in einem solchen Grade ausübt, dass durch ihre Abnahme die elementaren Krankheitsformen verursacht werden können und der allgemeine und örtliche Stoffwechsel des gesunden Menschen für eine physiologische Leistung des Nervensystems erklärt werden muss, — die fundamentale Bedeutung des Oxygens als eines specifischen Nähr- und Kraftstoffes des Nervensystems andererseits sind die beiden Gründe, welche das Recht geben, den Sauerstoff für den Träger der Heilkraft auch des Menschen zu erklären. — Wer von den Physiologen den letzten Grund der rhythmischen Thätigkeit des Herzens und des Athmungsapparates nicht mehr in der freien Kohlensäure, sondern im Sauerstoff sieht, wird dem vorhergehenden Satze zustimmen. — M. J. Rossbach studirte die rhythmischen Bewegungserscheinungen der einfachsten Organismen und ihr Verhalten gegen physikalische Agentien und Arzneimittel, um die Grundursachen, die letzten Gründe der unwillkürlichen Bewegungen des Herzens und des Athmungsapparates zu erforschen (Verhandlungen der physic.-medicinischen Gesellschaft zu Würzburg. N. F. 179—243). Auch die contractilen Blasen der Infusorien ziehen sich unter vollkommen gleichen Aussenverhältnissen mit bewundernswerther Gesetzmässigkeit zusammen, — bei ein und derselben Temperatur ist die Zahl der Contractionen stets die gleiche, ihre Schnelligkeit wächst bis zu 30 ° C., und unter 0 ° und über 42 ° hört mit dem Leben des Thieres auch seine rhythmische Thätigkeit auf. Die Wärme hat also eine bestimmte Wirkung auf die Intensität des Processes, durch den eine rhythmische Thätigkeit zu Stande kommt. Durch welchen Stoff wird der Process eingeleitet? In reiner Sauerstoffatmosphäre zeigte das Spiel der contractilen Infusorienblasen keinen anderen Rhythmus, als in gewöhnlicher Luft; wurde aber der Sauerstoff entzogen oder durch ein indifferentes Gas, wie Wasserstoff, ersetzt, so erloschen die Bewegungen der Blase. Die Blase verharrte in der Diastole; beim Zutritt der Luft erholten sich die contractilen Organe wieder, aber um so langsamer, je länger und in je höherer Temperatur Wasserstoff eingewirkt hatte. Kohlensäure erzeugt eine Verlangsamung, dann Lähmung der Blasencontractionen. Ein Gemisch von Wasserstoff und Kohlensäure wirkte viel schädlicher, als Wasserstoff allein. Nie hatte Kohlensäure einen erregenden Einfluss auf die Contractilität der Blase. Schwefelsäure, Alcohol, Strychnin, Veratrin, Chinin, Digitalin, Atropin, Morphium lähmen die Blase, auch in sehr starken Verdünnungen: Veratrin 1 : 8000 Wasser, Strychein 1 : 5000, Chinin 1 : 5000, Digitalin und Atropin 1 : 1000, Morphium 1 : 500. — (Ein junger, mich consultirender Mann, welcher wegen Schlaflosigkeit von den gewohnten Morphiuminjectionen trotz meiner dringenden Warnungen nicht ablassen wollte, ist plötzlich an Herzlähmung zu Grunde gegangen).

Rossbach kommt daher zu dem Schluss: Dass Sauerstoff der einzig unumgänglich nothwendige Stoff für die Ausführung der Blasencontractionen, auch der Wimperbewegungen ist, alle übrigen Agentien, mögen sie heissen, wie sie wollen, heben, wenn sie in einer bestimmten stärkeren Intensität oder Concentration einwirken, schliesslich alle Bewegungen auf. Die auffallende Aehnlichkeit der Erscheinnngen nach Sauerstoffmangel und Alcaloideinwirkung legt nach Rossbach die Vermuthung nahe, dass beide gleichartig einwirken. In letzter Linie heben die Alcaloide die Oxydationsfähigkeit des Protoplasma auf, wie auch Harley's Versuche mit strichnisirtem und chinisirtem Blute, das Ausbleiben der Ozonreaction im Pflanzensafte bei Zusatz von Chinin (Binz) darzuthun scheinen. Da bei vorhandenem Sauerstoff Erhöhung der Temperatur allein die rhythmischen Bewegungen beschleunigt, so hält Rossbach den Oxydationsvorgang für den Reiz des Zustandekommens der Bewegung, das Oxydationsproduct (die Säure) für die Ursache des Aufhörens derselben. Der Diffusionsprocess hat die Aufgabe, das schädliche Oxydationsproduct fortzuschaffen und neue oxydationsfähige Substanz hineinzubringen. (Centralblatt der medic. Wissenschaften Nr. 32, 1872). — Die Function der contractilen Blase ist nach Rossbach nicht zweifelhaft, die Blase ist das Excretionsorgan des Oxydationsproductes (Milchsäure? Kohlensäure?)

So gelangten denn die vorhergehenden Untersuchungen der einfachsten Verhältnisse, der niedrigsten Bildungen zu demselben Schlusse, wie meine Beobachtungen am Krankenbette: dass Sauerstoff im Verein mit gewissen combustiblen Stoffen die Grundbedingung jeder Lebensthätigkeit, dagegen die Kohlensäure ein giftiger Auswurfsstoff ist, welcher nicht, wie der Sauerstoff, bewegt und stärkt, sondern, wie jedes Alcaloid, lähmt und schwächt.

Die Natur arbeitet in grossartiger Einfachheit, wenn sie uns gestattet, zu sagen, alles Erkranken ist wesentlich Schwäche, jede Genesung ist wesentlich Erstarkung, — wenn sie uns gestattet, zu erklären, dass durch Räuber am Körperozon jede elementare Krankheitsform verursacht werden und durch Zufuhr von Ozon zum Körperozon jede elementare Krankheitsform unter gewissen Bedingungen beseitigt werden kann, — wenn sie uns gestattet, einen und denselben Stoff für den Träger der Heilkraft unseres Organismus und der freien reinen Luft halten zu dürfen.

Die Cholera soll in Berlin sein; was ist dieser Krankheit gegenüber nach dem Vorhergehenden zu thun? — Alles ist zu meiden, was uns schwächt, Alles ist zu thun, was uns stärkt. — Also Erkältungen, Gemüthsdepressionen, übermässige Strapazen, schlechte und unzureichende Nahrung und Kleidung, kohlensäurehaltige Getränke (Soda- und Selterser-Wasser, Bier, Champagner), Brunnenwasser mit organischen Beimengungen sind zu meiden, dagegen sind methodische Hautcultur, möglichst langer Aufenthalt in freier, reiner Luft, möglichste Desinficirung der Wohnung und ihrer Umgebung; abgekochtes Wasser, besser Sauerstoffwasser (ohne oder mit Rothwein), zu empfehlen). — Sind Cholerakranke in der Nähe, ist die Wohnung schlecht, ist keine Musse vorhanden, reine freie Luft aufzusuchen, so können 1—2 Flaschen Ozonwasser auf leeren Magen täglich verbraucht werden. Im Erkrankungsfalle ist durch Ozonwasser der Durst zu stillen und ohne und mit Sauerstoff so oft Schlaf und Schweiss zu erzeugen, als gefahrdrohende Symptome vorhanden sind. Patterson's Morphiuminjectionen gegen Cholera sind ebenso verwerflich, wie Pavy's Opium gegen Diabetes.

In der Cholera besteht in Folge der Vergiftung durch die ozonraubenden kleinsten Organismen eine so schwere und ausgebreitete Atonie des Nervensystems, dass alle elementaren Krankheitsformen neben einander oder nach einander beobachtet werden.

Der Cholerakranke bedarf daher wegen seiner Erkaltung unter die normale Körpertemperatur eines excitans calidum, — wegen der

Darm- und Blutvergiftung eines desinficiens, — wegen des Erbrechens und der Wadenkrämpfe eines antispasmodicum, — wegen des desquamativen Catarrhes oder der Darmdiphtheritis eines antiphlogisticum, — wegen Blutungen eines haemostaticum, — wegen Cyanose eines expellens der Kohlensäure, — wegen Temperaturerhöhung eines temperans, eines antifebrile, — wegen der Herzschwäche, allgemeiner Adynamie und Lähmungen eines tonicum, — bei Sopor eines excitans des Gehirnes, — bei Delirien eines sedativum desselben u. a. m. — Die bisherige Behandlung konnte keinen oder nur einen unbefriedigenden Erfolg haben, weil uns ein Mittel fehlte, welches der Gesammtheit der eben genannten Indicationen genügte. Obgleich keine am Krankenbette gewonnenen Erfahrungen vorliegen, so haben wir gleichwohl Grund, durch eine methodische Anwendung des Sauerstoffs und des Ozons unter den beiden Voraussetzungen, dass die Zufuhr der Ozonräuber zum Kranken zu sistiren gelingt und das die Organe durch die Ozonräuber noch nicht zu weit zerstört sind, grössere Erfolge, als bisher, zu erwarten.

Berlin, den 1. August.

Zum Wesen und zur Behandlung des Fiebers.

II.

Der thierische Organismus ist dem Anscheine nach einer langsamen Verbrennung durch Sauerstoff verfallen, mit einem Scheine des Rechts einer nicht sehr hohen Auffassung unterworfen und einem Brennapparate verglichen worden, welcher fortwährend Sauerstoff aufnimmt und wesentlich — ausser Wasser — Wärme und Kohlensäure producirt. Der Sauerstoff ist daher in seiner Bedeutung für den Menschen bisher nur als Zehrstoff, welcher bald nur die genossenen Speisen und Getränke, bald den Körper selbst abbrennt, beurtheilt worden. —

Im mässig arbeitenden Körper wird nicht Harnstoff, wohl aber werden, ausser Wasser: Wärme und Kohlensäure erheblich mehr, als im ruhenden Zustande des Körpers, gebildet und ausgeschieden. Da nun die wesentlichen Bestandtheile des Thierkörpers aus eiweissartigen Stoffen bestehen, — da die eiweissartigen Stoffe durch Verbindung mit Sauerstoff: Wärme, Kohlensäure und Harnstoff produciren, so gilt der Schluss, dass im ruhenden Zustande und bei mässiger Arbeit unser Körper selbst nicht abgebrannt wird, sondern nur die in denselben importirten und in die Fächer seines Gerüstes eingelagerten Brennmaterialien, also nur die assimilirten Speisen und Getränke durch den Sauerstoff verzehrt werden. — Wenn der Körper jedoch fiebert, so werden ganz ebenso, wie bei maasslosen Strapazen und im Tetanus, Wärme, Kohlensäure und Harnstoff vermehrt gebildet und abgegeben. Wir schliessen aus dieser vermehrten Harnstoffausscheidung, dass, wie durch Ueberanstrengungen und durch umfänglichen Starrkrampf, so auch im Fieber zumal ausser Fett das Blut und die Muskelsubstanz durch den Sauerstoff abgebrannt werden. Dieser Schluss wird durch die Appetitlosigkeit, durch erheblich verminderte Nahrungszufuhr des acut Fiebernden bei ununterbrochener Sauerstoffzufuhr begreiflich gemacht, und wird durch die stetig zunehmende Gewichtsabnahme, (welche nach Otto Weber stärker, wie in der Inanition, vor sich gehen soll), durch die über die Norm gesteigerte Ausfuhr von Wärme (Liebermeister, Immermann) und Kohlensäure (Leyden) bestätigt und bewiesen.

Mag nun auch der Stoffverlust vielleicht nicht in allen Fällen des fieberhaften Zustandes stärker, als der des dauernd Hungernden sein, Thatsache ist es, dass die Zehrung, das Schwinden des ruhenden Körpers nur ein Symptom ist, welches jeder Fiebernde mit dem Hungernden und dem höchsten Greisenalter gemeinsam hat. Wer nun in diesem Symptome das Wesen des Fiebers sehen wollte und gleichzeitig den Sauerstoff nur als Gewichtsvermindernden Zehrstoff betrachtet, wird geneigt sein, in einer methodischen Production einer Art Lippspringer Luft, d. h. in einer der Willkühr unterworfenen Verminderung des Sauerstoffgehaltes und in einer der Sauerstoffminderung entsprechenden Vermehrung des Stickstoffs einer einzuathmenden Luft ein fundamentales fieberwidriges Mittel zu suchen.

Die atmosphärische Luft bleibt auch für den Fiebernden in ihrem Gehalte an Sauerstoff sich gleich; die Ursache der Fieberzehrung darf daher nicht ausserhalb im atmosphärischen Sauerstoff, sondern sie muss innerhalb des Körpers gesucht werden.

Wenn auch der Sauerstoff in der Atmosphäre relativ zum Stickstoff erheblich zunehmen würde, so würde unser Körper bis zur Vernichtung der Athmung und des Herzschlages allerdings aufgezehrt werden, allein, wie durch Thierexperimente festgestellt ist, ohne Erhöhung der mittleren Körpertemperatur, ohne Fieber, ohne Entzündung. — Eine verstärkte Sauerstoffzufuhr zu den Geweben aus dem Arteriensysteme durch erweiterte Gefässe, durch Parese vasomotorischer Nerven wird daher eben so wenig eine ausreichende Ursache des Fiebers sein.

Die Ursache der Fieberzehrung kann nicht in einem einfachen Missverhältnisse des Sauerstoffs zu dem gesammten verbrennbaren Körpermaterial gefunden, sie muss einzig und allein im Nervensysteme gesucht werden, weil nur dieser in die Massen des Körpers eingeschobene und in die Zellen durch seine electrischen Kräfte zersetzend und erregend eingreifende Apparat die Art und den Umfang des Stoffwechsels bestimmt. Um zur Einsicht in das Wesen des Fiebers zu gelangen, muss man daher die Bedeutung des Nervensystemes für den Stoffwechsel und die Bedeutung des Sauerstoffs fürs Nervensystem berücksichtigen. Man wird sich fragen dürfen, ob, weil die Fieberzehrung nicht durch ein Uebermaass von Sauerstoffzufuhr zum Nervensysteme verursacht wird, — weil durch Unterbrechung der Lungenathmung schon nach wenigen Minuten der Tod eintritt, — nicht eine zu geringe Sauerstoffzufuhr zu einem ganz bestimmten Theile des centralen Nervensystemes eine Ursache der Fiebers werden könne?

Die Rolle, welche das Sauerstoffgas innerhalb unseres Körpers spielt, ist, wie das Krankenbett mich gelehrt hat, eine wesentlich andere und höhere, als wie wir bisher angenommen haben. — Der Sauerstoff bildet im Verein mit den festen und flüssigen Nahrungsmitteln Blut, Muskel- und Nervensubstanz, höchst wahrscheinlich auch Schleimstoff, Hornstoff, Leim, elastisches Gewebe, Fermente u. s. w., mit einem Worte der Sauerstoff in dem Verhältnisse, wie er in der Atmosphäre uns zugeführt wird, ist nicht allein Zehrstoff, sondern auch Nährstoff. Vor Allem ist das centrale Nervensystem in jedem Momente der Zufuhr des Sauerstoffs so überaus bedürftig, dass gewisse gangliöse Apparate eine abnorm gesteigerte Sauerstoffinhalation nicht selten sofort mit kraftvoller Funktion beantworten; man beobachtet daher keineswegs selten unmittelbar nach künstlich vermehrter Sauerstoffzufuhr Appetit, Schlaf, Stuhlgang, erhöhtes Gesundheitsgefühl, vermehrte Muskelkraft, Verlangsamung des Herzschlages d. h. der kraftvolle vagus mässigt den Stoffwechsel des Herzens.

Ich schliesse, um die Erfahrungen des Krankenbettes zu deuten: unser körperliches Leben beruht nicht auf einem einfachen, sondern seiner Bedeutung nach auf einem complicirten Verbrennungsprocesse, welcher sich aus zwei Acten, aus einem ernährenden und aus einem verzehrenden Vorgange zusammensetzt, und sowohl in dem einen, als in dem anderen Acte der Herrschaft des Nervensystemes unterworfen ist. —

Während der Sauerstoff sich verbindet und ernährt, wird nur Wärme frei. Den Verbindungen mit dem erregten Sauerstoff entsprechend gehen jedoch im gesunden Körper gleichzeitige und nach Zeit und Raum mehr oder weniger unabhängige Abspaltungen vor sich, d. h. die locker zusammengesetzten, an Sauerstoff im Körper reich gewordenen Bestandtheile unseres Leibes zerfallen nach einer nicht näher zu bestimmenden Zeit ihres Bestehens in einfache, beständigere, festere Verbindungen, welche ausgeschieden werden. Mit anderen Worten: Blut, Muskel- und Nervensubstanz u. s. w. erfahren, nachdem sie durch Sauerstoff in ihrem Aufbau vollendet sind, eine Umsetzung mit Sättigung stärkerer Affinitäten (Hermann) und produciren ausser Wasser Wärme und Kohlensäure in der Ruhe und bei mässiger Arbeit, — Wärme, Wasser, Kohlensäure und Harnstoff, wenn der Körper selbst durch Fieber verzehrt, in seinem materiellen Bestande tiefer zerstört, in seinem Gewichte stetig vermindert wird. Die Herrschaft des Nervensystemes über die Oxydationen und Abspaltungen ist schon aus der Ueberlegung begreiflich, dass im Thierkörper nur der ozonisirte Sauerstoff Verbindungen eingeht, dass der electrische Muskel- und Nervenstrom wahrscheinlich am meisten zur Erregung des von den Blutscheiben verdichteten neutralen Sauerstoffs beitragen muss und dass der Nervensubstanz, wie der vagus zeigt, die Kraft innewohnt, den Zerfall der hohen Atomgruppen in einfachere Verbindungen zu mässigen. — Wenn es keine verzehrenden Oxydationen, sondern nur verzehrende Abspaltungen und ernährende Oxydationen gäbe, so würde der Sauerstoff nur Nährstoff sein. — Das Nervensystem regulirt nun dadurch das Gleichgewicht der Einnahmen und Ausgaben des gesunden Körpers, dass die ernährenden Sauerstoffverbindungen und die verzehrenden Abspaltungen vom Nervensystem so in gleicher Höhe gehalten werden, dass das Gewicht des Körpers nicht vermindert wird. — Die Herrschaft des Nervensystemes über die elementaren und molaren Kräfte des Körpers ist nun im fieberhaften Zustande, wie im hohen Alter, in der Richtung vermindert worden, dass die verzehrenden Abspaltungen absolut umfangreicher, als die ernährenden Sauerstoffverbindungen vor sich gehen. Die Fieberzehrung findet also ihre Deutung nur in einer irgendwo bestehenden Schwäche des centralen nervösen Apparates. —

Der fieberhafte Zustand ist jedoch nicht bloss Zehrung und zunehmende Abmagerung, wie acut der Hungerzustand und chronisch die Senescenz. Es ist eine Leistung des Nervensystemes, dass der gesunde Körper ein Sammelbehälter ausser von Wasser auch von freier Wärme und freier Kohlensäure ist. Der Fieberturgor lehrt, dass eine zu hohe Aufstauung von Wasser stattfindet, von welchem der gesunde Erwachsene allein durch die Haut in 24 Stunden etwa $2^1/_2$ Pfund (Röhrig) verliert. Der Thermometer lehrt, dass im Fieber eine abnorm grosse Aufstauung freier Wärme stattfindet, und diese Aufstauung ist so regelmässig, dass man auch in diesem Symptome des Fiebers das Wesen desselben hat finden wollen. Die Wirkungen künstlich zugeführter grosser Gaben reinen Sauerstoffs belehrten mich endlich, dass im Fieber nicht minder regelmässig eine Anhäufung der Kohlensäure über das normale Maass hinaus statt hat. Die Anhäufung freier Wärme und freier Kohlensäure ist im Fieber so gross, dass sowohl durch die Wärme, als durch die Kohlensäure dauernde und krankhafte Erregungen des Nervensystems, viele der einer unmittelbaren Beobachtung auffälligen Fiebersymptome verursacht werden. Diese Anhäufungen sind daher als Wärme- und Kohlensäurevergiftung zu deuten. Die Kohlensäure ist nicht allein ein Narcoticum fürs Gehirn und ein Excitans fürs ganze Nervensystem, höchst wahrscheinlich auch wegen ihrer chemischen Schärfe fähig, Entzündungen der Gewebe herbeizuführen. — Wodurch wird die Anhäufung von Wasser, von Wärme und Kohlensäure verursacht? Der Umfang der Secretionen ist wiederum eine That des Nervensystemes. Ist die Anhäufung von Wasser, Wärme, Kohlensäure ein Act der Schwäche oder ein Zeichen gesteigerter Nervenkraft? Selbst der excessiv arbeitende Körper fiebert nicht, weil der Ernährungszustand, der Tonus seiner Haut- und Lungennerven normal ist, und daher Wasser, Wärme und Kohlensäure ihrer überaus gesteigerten Production völlig entsprechend abgegeben werden. Es muss daher während des Fiebers wegen der übermässigen Anhäufuug von Wasser,

Wärme und Kohlensäure auch eine Schwäche der absondernden Nerven bestehen, zumal der Lungen- und Schweissdrüsennerven, denen vorzugsweise obliegt, Wasser, Wärme und Kohlensäure der Aussenwelt zu übergeben. —

Da die Kohlensäure-secernirende Thätigkeit der Lungen im Fieber nachweisbar gesunken ist unter die normale Grösse des excessiv arbeitenden gesunden Körpers, so wird auch im Fieber der gesammte chemische Process der Lungen herabgesetzt und somit nicht allein die entgiftende, sondern auch die ernährende, Sauerstoff aufnehmende Function der Lungen für das Bedürfniss des Fiebernden unzureichend sein. Die ernährende Function der Lungen kann im Fieber sicher erheblich unter das bestehende Bedürfniss gesunken sein, ohne dass ein Fieberemphysem nachweisbar ist, also ohne jene grobsinnliche, durch Percussion nachweisbare Erweiterung der Lungenbläschen, welche mit dem Fieber käme und mit Aufhören desselben verschwände.

Weil die Sauerstoffaufnehmende Funktion der Lungen geschwächt ist, auch deshalb, weil der in den Geweben immer in grossem Maassstabe stattfindende Sauerstoffverbrauch in allen Fällen des fieberhaften Zustandes über das normale Maass erhöht ist, muss im Arteriensysteme das Niveau des in den Blutscheiben aufgehäuften Sauerstoffvorrathes immer mehr sinken, müssen immer mehr mit der Dauer des Fiebers die ernährenden Sauerstoffverbindungen sich vermindern und jene Entartungen der Organe auftreten, welche aus mangelhafter Ernährung zumal durch Sauerstoff resultiren. Und in der That werden ohne vorausgegangene Entzündung, nur allein durch den dem Fieber eigenthümlichen perversen Stoffwechsel verursachte fettige Degenerationen und auch Atrophien beobachtet. Je länger das Fieber dauert, je mehr gesellen sich zu den durch Hitze und Kohlensäure herbeigeführten abnormen Erregungen viertens die Symptome des Sauerstoffmangels, bis die Erregbarkeit der Nervencentra durch Sauerstoffmangel abnimmt und endlich erlischt, wenn das Blut des Sauerstoffs völlig beraubt ist.

Die fünf, gewissermaassen elementaren Gruppen von Fiebersymptomen, also die weniger auffälligen Symptome der Zehrung und des Sauerstoffmangels, die auffälligeren Zeichen der Wärmevergiftung, der Kohlensäurevergiftung und der Wasseraufstauung greifen in einander. Mit Abnahme des Sauerstoffvorrathes im Arteriensysteme nimmt die Appetitlosigkeit und, weil die Kohlensäureabgabe zumeist von der Sauerstoffaufnahme abhängig ist, die Kohlensäure im Venensysteme zu, mit anderen Worten, je schwerer das acute Fieber ist, je grösser wird im Arteriensysteme die Anaemie, die Armuth an Sauerstoff und an eiweissartigen Stoffen und im Venensysteme als der Cloake der Kohlensäure die Verlangsamung des Kreislaufs, die Stauung, welche sich bis zur Cyanose steigern kann. Und in der That ist im Fieberblute die Abnahme der farbigen Scheiben, des Eiweisses und die Zunahme des Wassers direct nachgewiesen worden. — Sinken die electrischen Kräfte, findet daher nur eine unzureichende Ozonisirung des in den Blutscheiben aufgehäuften neutralen Sauerstoffs statt, so müssen die Sauerstoffverbindungen im Verhältniss zur Abnahme der Electricität abnehmen, Erkaltungen können beobachtet und Vibrionen zu Schmarotzern am unerregten Blutsauerstoff und zu Fäulnisserregern werden.

Wir sagten vorher, dass die elementaren Symptomgruppen des Fiebers, d. h. die Symptome der auf übermässigen Abspaltungen beruhenden Zehrung, der Wärmevergiftung, der Kohlensäurevergiftung, der Wasseraufstauung, des Sauerstoffmangels in einander greifen. Ein weiterer Beleg für diesen Satz liegt darin, dass Erwärmung über 37° C. die (Oxydationen und) Abspaltungen befördert, — und die Fieberwärme steigt, wie wir wissen, bis 42,5° C. Nehmen wir die Atonie der Haut- und Lungennerven als primäres Ereigniss des Fiebers einmal an, so würden sich aus der Atonie nur dieser einen Gruppe von Nerven alle Symptome des Fiebers, auch die der Zehrung ableiten lassen. —

Im Fieber werden jedoch auch vasomotorische Lähmungen beobachtet und es fragt sich, welche Bedeutung sie haben. Durch die in Folge von Atonie vasomotorischer Nerven abnorm erweiterten Gefässe wird die Sauerstoffausfuhr aus dem Arteriensysteme, dem zu Anfang des Fiebers fast gefüllten Sauerstoffbehälter, gesteigert; allein der Sauerstoffverbrauch in den Organen bleibt — ganz wie bei übermässiger Arbeit — trotzdem hinter der Kohlensäureproduction zurück, die Sauerstoffzehrung in den Organen, richtiger die Ernährung der Organe durch Sauerstoff bleibt trotz gesteigerter Sauerstoffzufuhr zurück hinter den verzehrenden Abspaltungen, weil der materielle Bestand des Körpers ab-, die Harnstoffausscheidung gleichwohl zunimmt. —

Meine Hypothese, die zerstörende Wirkung des Fiebers auf der einen Seite und die Gesammtheit der wesentlichen Fiebersymptome auf der andern Seite durch Atonie gewisser Theile des centralen Nervensystemes zu erklären, empfiehlt sich, weil sie dem Sauerstoff auch im Fieber die Rolle des Nährstoffs bewahrt und steht in Uebereinstimmung mit meinen Beobachtungen, dass die Wirkungen des im Fieber in vielen Kubikfussen zugeführten neutralen oder in kleineren Gaben verabreichten erregten Sauerstoffs nur als die Wirkungen eines Nährstoffes, eines Kraftstoffes zumal des Nervensystemes zu deuten sind. —

Fettsüchtige sah ich einer relativ zur Dose des Sauerstoffs unverhältnissmässig grossen Abmagerung verfallen. Diese Beobachtung könnte als Einwurf dienen gegen die Bedeutung des Sauerstoffs als Nährstoff. — Die Fettsucht (Obesitas nimia, polypiosis) jedoch beruht höchst wahrscheinlich auf Atonie gewisser Theile des Nervensystemes, sie geht daher oft in vermehrte Zuckerbildung (diabetes) über, welche nach Cyon in abnormer Erweiterung der Lebergefässe durch Atonie der entsprechenden vasomotorischen Nerven ihren näheren Grund hat. In der Fettsucht hat das Nervensystem die Herrschaft über die elementaren und molaren Kräfte in entgegengesetzter Richtung, wie im Fieber, verloren, d. h. in der Fettsucht überwiegen zu irgend einer Zeit die ernährenden Sauerstoffverbindungen im Verhältniss zu den verzehrenden Abspaltungen, das Gleichgewicht der Einnahmen und Ausgaben wurde gestört zu Gunsten der ersten und zu Ungunsten der zweiten. — Es mag nun sein, dass durch die künstliche Sauerstoffzufuhr auch Fermente durch oxydative Synthese entstehen, welche fähig sind, die Fette zu zerspalten in Kohlensäure und Wasser, — allein fast sicher ist es, dass durch den künstlich zugeführten Sauerstoff die Ernährung jener Nerven gesteigert wird, an deren Atonie das Bestehen jeder Fettsucht gebunden ist. Nur durch diese Einwirkung des Sauerstoffs aufs Nervensystem und die Bedeutung des Nervensystemes für den ganzen Stoffwechsel ist es verständlich, wenn durch eine geringe Sauerstoffzufuhr grosse Wirkungen erzielt werden. Das Nervensystem ist ein Apparat, welcher ganz besonders construirt und gelagert ist, um durch innerhalb seiner Substanz vorsichgehende geringe chemische Umsetzungen grosse Kräfte in jenen Apparaten zu entwickeln, in welche die Nervenfasern sich einpflanzen. — Es erübrigt nun noch, einzelne auffällige Erscheinungen des Fiebers im Sinne der hier erörterten Hypothese zu erklären.

Wer sich zu Tode fiebert, stirbt an Herzlähmung. Der Herzmuskel schlägt um so schwächer, die Spannung in der radialis nimmt um so mehr ab, der Puls wird um so weicher, je mehr das Blut an Sauerstoff verarmt und die Symptome der Herzlähmung treten auf, wenn der Kreislauf nahezu stagnirt, wenn das Blut nahezu des Sauerstoffs beraubt ist. — Das Herz steht völlig still, die Stagnation des Kreislaufes ist eingetreten in dem Momente, in welchem das Blut des Sauerstoffs völlig beraubt ist. In mehr acuten Fällen von Herzlähmung ist dann das Blut des rechten und linken Herzens gleich- und dunkelfarbig, die Arterien sind leer, die Leber, das rechte Herz, die hinteren Theile der Lungen, die Venen der Hirnhäute sind, wie bei der acuten Sauerstoffentziehung durch Erstickung, mit dunklem Blut überfüllt. — Der Herzmuskel muss vor allen Körpermuskeln im Fieber zuerst der Lähmung verfallen, erstens weil während der Contraction, während der Systole kein Sauerstoff aufgenommen, nur die ermüdende Kohlensäure producirt wird. Zweitens, weil die Erregungen durch die Kohlensäure, durch die Wärme, durch die Vagusatonie drei Momente sind, durch welche die Diastole, die Zeit der Ernährung für den Herzmuskel beschränkt wird. Drittens, weil im Arteriensysteme mit der Dauer des Fiebers der Sauerstoff zunehmend abnimmt. Durch diese stetig zunehmende Abnahme des Sauerstoffs im Arteriensysteme werden erstens die Blutscheiben mehr consumirt, als neugebildet, weil sie des Sauerstoffs zu ihrer Bildung bedürfen. Die Zunahme der fibrinoplastischen Substanz (Globulin, Serumcasein) im Blute, des Harnfarbstoffes, noch mehr das Auftreten von icterischer Hautfärbung in schweren Fiebern beweist — bei Abwesenheit von Galle-stauenden Momenten — auch zweitens den im Fieber gesteigerten Untergang von Blutscheiben, deren Farbstoff in Harn- und Gallenfarbstoff umgesetzt wird. Die ernährende Bedeutung des Sauerstoffs für die vorhandenen Blutscheiben geht ferner daraus hervor, dass Sauerstoffentziehung nach Preyer direct sehr zerstörend auf die Blutscheiben einwirkt, das Blut Erstickter daher sehr veränderte Blutscheiben und reichliche Blutkrystallbildung zeigt. Die Betheiligung des Sauerstoffs an der Neubildung der Blutscheiben scheint durch die Thatsache belegt zu werden, dass es Hüller und mir gelungen ist, Bleichsüchtige durch Sauerstoff herzustellen, welche durch Eisen nicht herzustellen waren. —

Sauerstoffmangel als Ursache fettiger Entartungen erklärt die Fettleber der Tuberculösen, welche durch Verdichtung, Zerstörung des Lungengewebes und durch Fieber der Sauerstoffarmuth des Blutes verfallen, und erklärt die fettigen Organdegenerationen, welche in Folge des sauerstoffraubenden Phosphors so umfänglich beobachtet werden. —

Jede Zellenproduction macht fast sicher durch Sauerstoffaufnahme Wärme frei und jede Zellendegeneration beruht höchst wahrscheinlich auf mit Auftreten freier Wärme verbundenen Abspaltungen. Bei Typhus hat nun Zenker rasche Entartungen der Muskeln durch enorme Kernwucherungen beobachtet. Werden die intumescirte Milz bei Intermittens und Typhus und jene Kernproductionen hervorgebracht durch stärkeres Einströmen des ernährenden sauerstoffhaltigen Blutes in Folge erweiterter Arteriolen? Verdanken diese Neubildungen auch dem chemischen Reize der Kohlensäure auf die Gewebe ihre Entstehung, welche schon bei jedem Fieber, um so mehr bei schwerem Typhus angehäuft ist? Jene Hypertrophie der Kerne würde dann ebenso entstehen, wie wir stromabwärts von einem Herzfehler durch die Kohlensäure eine mechanisch nicht zu deutende Hypertrophie des Ventrikels entstehen sehen, die Hypertrophie des linken Ventrikels nach Stenosis ostii venosi sinistri. — In meinem Artikel der Berliner klinischen Wochenschrift 1871: Zur Behandlung chronischer Herzkranken habe ich zuerst meines Wissens die Ansicht ausgesprochen, dass aufgehäufte Kohlensäure ein Agens für die Gewebe werden könne, durch welches sie je nach der Dauer und Stärke der Einwirkung Productionen verschiedener Bedeutung liefern müssen. — Gerade die nicht fiebernden Herzkranken liefern das uncomplicirte, reinste Bild der Folgen der Kohlensäureanhäufung und des Sauerstoffmangels und da die rückfälligen Entzündungen der innern Herzhaut, der Leber, welche nach Herzfehlern beobachtet werden, bei Abwesenheit jeder rheumatischen oder septischen Ursache eintreten, so ist schwer zu sagen, ob sie vom chemischen Reize der Kohlensäure oder von örtlicher Lähmung der Nerven durch Sauerstoffmangel herrühren. Wenn ein chronischer Herzklappenfehler immer mehr den Kreislauf verlangsamt, so ist die Ursache, durch welche die Kohlensäure immer mehr im Blute zunimmt und der Sauerstoff abnimmt, rein mechanischer Natur. Die Ursache hingegen, welche im Fiebernden zu Kohlensäurereichthum und Sauerstoffarmuth des Blutes steigend führt, liegt im centralen Nervensysteme, in der Schwäche eines Theiles desselben und ist in letzter Instanz daher chemischer Natur. Der chronische Herzkranke ist ferner nicht der Wärmevergiftung, nicht dem allgemeinen Gewebsturgor und nicht der Zerstörung und Minderung seines materiellen Bestandes durch ein Uebermaass verzehrender Abspaltungen verfallen, wie der Fiebernde. Die Symptome der Kohlensäurestauung: Wangenröthe, Cyanose, Schlaflosigkeit, Athemnoth, vermehrter Herzschlag, harter Puls, Eiweiss im Urin, allgemeine Mattigkeit, ebenso die Symptome der Sauerstoffarmuth: Blässe, Appetitlosigkeit, spärlicher und rother Urin, statt Harnstoff harnsaure Sedimente oder Eiweiss, fettige Entartungen u. s. w. haben die chronischen Herzkranken mit den Fiebernden gemeinsam. — Zu bemerken ist hier, dass durch Kohlensäure das Blut flüssig erhalten wird, während als erstes Signal der Abnahme der normalen Ozonbildung Gerinnungen auftreten. Wenn nun die Ozonbildung eine Leistung der electrischen Kräfte auch des Nervensystemes ist, so würde eine Gerinnung unter gewissen Bedingungen auch den Schluss auf Abnahme der Nervenkraft zulassen. —

Wenn die Adynamie jener unbekannten Stelle des Nervensystemes, deren Atonie dem Fieber zu Grunde liegt, den höchsten Grad erreicht hat, — wenn durch Abnahme der Electricität die Sauerstoffverbindungen sehr gering werden, — wenn die Blutscheiben durch zu geringe Sauerstoffzufuhr der atonischen Lungen sehr unzureichend neugebildet und die vorhandenen gelähmt werden in ihrer Funktion, den von den Lungen aufgenommenen Sauerstoff zu verdichten, — wenn zur Atonie der Lungen- und Hautnerven vielleicht die Atonie trophischer Nerven hinzutritt, deren Atonie eine Vermehrung der Kohlensäureabspaltungen unmittelbar verursacht, — wenn eine Atonie jener Hemmungsnerven sich hinzugesellt, deren normaler Ernährungszustand zur normalen Retention des Wassers und der freien Wärme unerlässlich ist, — wenn die stürmisch gebildete Kohlensäure durch Verengerung der kleinen Arterien die Sauerstoffzufuhr aus dem Arteriensysteme zu den Geweben zu vermindern erheblich beiträgt, — wenn das Capillargebiet der Pfortader, der Gefässbezirk der Baucheingeweide (welcher so gross ist, dass er fast die ganze Blutmasse beherbergen kann, Ludwig und Thiry) in hohem Grade gelähmt und erweitert ist, so beobachten wir kein Hitzestadium, sondern schon in wenigen Stunden einen erheblichen Gewichtsverlust (O. Weber) und Erkaltung unter eiweissreichen Schweissen bis zum Tode. — Die Erregbarkeit des Nervensystemes erlischt in diesen Fällen aus zwei Gründen, ausser durch Sauerstoffarmuth auch durch Abnahme der mittleren Körpertemperatur, so dass der Tod meist bei 34° C. eintritt.

Das Blut steht überall unter einem Druck, weil sein Gesammt volumen, zumal im Beginne des Fiebers, wo die Anaemie noch nicht vorgeschritten ist, grösser ist, als das natürliche Gefässvolumen; tritt nun zur Wasserstauung — nach starker Kohlensäurebildung und Kohlensäureretention durch directe Reizung der Gefässwände und indirect durch Reizung des vasomotorischen Centrums — eine Verengerung der Circularmuskeln sämmtlicher kleinen Arterien und gar eine Verengerung vieler Capillaren ein, welche nach Stricker aus contractilem Protoplasma bestehen sollen, so muss der innere Blutdruck so zunehmen, dass eine Verbreiterung des ohnehin, wie wir früher sahen, in seiner Substanz geschwächten Herzens beobachtet wird, welche in einzelnen Fällen zur Zerreissung des Herzens geführt hat.

Der sogenannte Fieberfrost, d. h. der clonische Krampf der Glieder-, Haut- und Gefässmuskeln mit dem Zähneklappern der Kinnladen, ist eine Reflexerscheinung, welche im Fieber hervorgebracht wird durch Reizung der sensiblen Nerven — nicht durch äussere oder innere Kälte, sondern — durch die aufgehäufte Kohlensäure. Will man daher jenes Stadium, in welchem die Erregungen der Kohlensäure in den Vordergrund treten, ganz besonders durch einen Namen auszeichnen, so hat man nicht vom Froststadium, sondern vom Kohlensäure-Krampf- (oder Erregungs-) Stadium zu sprechen, welchem das Stadium der Hitze und später das Stadium der Wasserentlastung, der Entgiftung von Wärme und Kohlensäure (Krisis, Lysis) in den meisten zur Genesung führenden Fällen acuten Fiebers folgen würden.

Im Beginne schweren acuten Fiebers treten allgemeine Krämpfe nicht selten, zumal bei Kindern, ein, und andererseits sieht man sub finem vitae Krampfbewegungen, zumal der Kopfmuskeln, auftreten. In der ersten Reihe der Fälle steht dem Reize der Kohlensäure und der Hitze gegenüber noch die nahezu normale Erregbarkeit in den Vierhügeln und der Varolsbrücke, — in der zweiten Reihe der Fälle ist die Kohlensäure, wie die dunkelgeschwellte Zunge, die cyanotische Entfärbung des Gesichts schliessen lässt, so enorm in den Hirngefässen angehäuft, dass selbst das durch Sauerstoffarmuth in seiner Ernährung, in seiner Erregbarkeit herabgesetzte Krampfcentrum noch in eine Erregung versetzt wird, welche in mehr oder weniger den Convulsionen der Erstickenden gleichen Zuckungen sich entladet. —

Lähmungen trophischer und secretorischer Nerven sind kein Gegenstand des Augenscheines; sind nun im Fieber Lähmungen vasomotorischer Nerven dadurch bewiesen, dass abnorme Gefässerweiterungen beobachtet werden? Gendrin hat in seiner histoire anatomique des inflammations I. p. 497 gelehrt, dass mit jedem Wundfieber eine ausgedehnte Hyperaemie und rosige Färbung der Schleimhaut des Magens und des ganzen Darms sich einstellt, — und Professor O. Weber bestätigt dieses Faktum und fügt hinzu, dass die schlimmsten Formen der experimentell von ihm erzeugten septischen Fieber auf der Darmwand sich mit colossalen in Zerfall begriffenen und zusammenhängenden Zellenwucherungen (Croupmembranen) verbunden hätten, deren Bildung von Erbrechen und sehr reichlicher wässriger Diarrhoe begleitet oder eingeleitet worden sei. — Man erkennt auch in diesen Mittheilungen die unzweifelhafte Gleichartigkeit beider pathologischer Vorgänge, welche wir Fieber und Entzündung nennen. — Auch die Entzündung entsteht niemals durch eingeathmeten reinen Sauerstoff, ebenso wenig entsteht sie durch gesteigerte Sauerstoffzufuhr aus dem Arteriensysteme in Folge erweiterter Arteriolen; vasomotorische Lähmungen sind ein Element des Fiebers und der Entzündung, führen aber allein nicht zu jenen sowohl zerstörenden, als hie und da aufbauenden Processen, welche Fieber und Entzündung geheissen werden. — Durchschauen wir auch, zumal in der Entzündung — noch nicht das feine Spiel und Ineinandergreifen der activen Factoren und der passiven Elemente, so ist es doch für die Behandlung wichtig, wenn es ein Fundamentalsatz unseres Wissens ist, dass Fieber und Entzündung gleichen Wesens und (durch das die molaren Kräfte der Zellen beherrschende und vom Sauerstoff tonisirte Nervensystem) zu complicirte Vorgänge sind, um den einfachen Wärme und Kohlensäure und Wasser producirenden Oxydationsprocessen der äusseren Natur vergleichbar zu sein, — dass Fieber und Entzündung auf Schwäche des Nervensystemes beruhen, welches den Stoffwechsel zu beherrschen hat, und dass, wenn ein fieberhafter Zustand durch die Erregungen der Kohlensäure und der Hitze ein Uebermaass frei gewordener Kräfte aufzeigt, (harten beschleunigten Puls, furibunde Delirien, Krämpfe u. s. w), dieses Uebermaass freier Kräfte durch Aufzehrung des Körpergerüstes selbst erkauft wird, vor Allem der Schwäche ganz bestimmter, noch nicht näher gekannter Theile des Nervensystemes seine Existenz verdankt. Wir kennen wohl eine Stelle am Boden des vierten Ventrikels, deren Läsion Diabetes, also vermehrte Zuckerbildung und Harnausscheidung durch Erweiterung der Lebergefässe hervorbringt, noch nicht aber die Stelle des Centralnervensystems, deren Schwächung, sei diese Schwächung durch ein Gift oder einen Defect in der Ernährung herbeigeführt worden, Fieber hervorbringt.

Auch die Krise des acuten Fiebers d. h. die rasche Abgabe des aufgehäuften Wassers, der aufgehäuften Wärme und Kohlensäure erscheint nicht räthselhaft, wenn sie als eine schliesslich durch die Zunahme der Sauerstoffarmuth eintretende Atonie der Hemmungsnerven gedeutet wird. Bei Hirnerweichung beobachten wir, wie nach Lähmung durch Curare, eine paralytische mit Entartung der Drüse einhergehende Speichelsecretion, ebenso begegnen wir am Krankenbette übermässiger Secretion aus den tubulösen Lieberkühnschen Darmdrüsen, erschöpfenden Hautschweissen, Polyurie, Samen- und Milchfluss, welche nicht auf gesteigerten Tonus, auf höchstmögliche Ernährung secretorischer Nerven, sondern auf Atonie gewisser Nerven zurückzuführen sind, welche wir unter den Hemmungsnerven zu suchen haben. — Wir werden nicht erwarten, eine continuirliche Speichelsecretion durch künstliche Sauerstoffzufuhr zu beseitigen, wenn die Erweichung eines integrirenden Hirntheils die Ursache der paralytischen Secretion ist, allein wo es sich nur darum handelt, eine übermässige Secretion zu sistiren durch Entgiftung oder bessere Ernährung atonischer Hemmungsnerven, werden wir den Sauerstoff ebenso wenig, wie im Diabetes entbehren können. —

Wenn sich das Fieber durch Sauerstoff unter der Form der Lysis verliert, so ist diese Lysis so zu deuten, dass die secretorischen Nerven ihren normalen Ernährungszustand nach und nach wiedergewinnen und die über das normale Maass vorhandene Wärme und Kohlensäure nach und nach abgeben lassen. — Wenn durch sehr grosse Gaben Sauerstoffs das Fieber unter kritischen Schweissen beendigt wird, so sind auch die secretorischen Hautnerven der Schweissdrüsen sehr rasch durch Sauerstoff mit ihrem normalen Tonus ausgestattet worden.

Wenn Harnsäure und harnsaure Salze statt des Harnstoffs im Urin, Kohlenwasserstoffgas in der ausgeathmeten Luft, Buttersäure, Valeriansäure im Schweisse auftreten, so bestätigt dieses Auftreten den durch Sauerstoffmangel herbeigeführten perversen Stoffwechsel des fiebernden Organismus. — Ob die Nieren nur präformirten Harnstoff ausscheiden aus dem Blute (Gréhant) oder ob es die Aufgabe der lebhaft oxydirenden Thätigkeit der Nieren ist, statt von Harnsäure den Körper von Harnstoff zu entgiften, ist noch streitig, jedenfalls gehören die Nieren mit dem Herzen und der Leber und dem Gehirn zu den Organen, welche, weil sie des Sauerstoffs überaus bedürftig sind, durch Sauerstoffmangel leicht der Entartung verfallen sowohl in ihren Epithelien, als in dem Bindegewebe, der Keimstätte der Epithelien und der Nervenzellen. —

Dass der rheumatische Reiz durch Reflexparese jene adynamischen Neurosen des Stoffwechsels, welche Fieber und Entzündung heissen, verursacht, ist schon erwähnt worden. Die nicht tuberculöse Meningitis, welche — wie Herr Professor Adelmann mittheilte — unmittelbar nach einer grösseren Operation, z. B. nach Resection des Schenkelkopfes beobachtet werden kann, ist nur durch Reflex zu deuten. Wenn nach O. Weber frischer, noch warmer, geruchloser, filtrirter Eiter mit seinen kleinen transitorischen Zellen fähig ist, in wenigen Stunden die Temperatur um mehrere Grade zu erhöhen, also die Eigenschaft, Fieber zu erregen im höchsten Grade hat, so beruht diese Eigenschaft fast sicher auf seiner überaus leicht oxydabeln Natur, darauf also, dass er ganz, wie die Pilze und die Vibrionen, ein Räuber des Körperozons ist, als solcher nicht durch Reflex, sondern durch Sauerstoffmangel jene Atonie des centralen Nervensystemes verursacht, welche dem Fieber zu Grunde liegt. Ein fettig entarteter und daher älterer Eiter ist schwerer oxydabel und daher weniger fähig, Fieber zu erregen. Bei diffuser Peritonitis ist daher, wie O. Weber mit Recht erwähnt, das Fieber so heftig, weil unzählige Lymphgefässe nach Recklinghausen geöffnet in die Bauchhöhle einmünden und den Eiter dem Blute zuführen. — Die Pilze, weil sie nur Gährungen erregen, sind sicher weniger fähig, Fieber zu bewirken, als die Vibrionen, die Erreger der Fäulniss, die nicht allein als solche Sauerstoffräuber sind, sondern auch durch die Fäulnissproducte: Schwefelwasserstoff, Schwefelammonium, Leucin, Tyrosin, Sepsin mehr oder weniger Sauerstoffräuber und unmittelbare Gifte produciren.

Nach der hier erörterten Hypothese vom Fieber muss der Meinung Pirogoffs zugestimmt werden, dass entzündliche Spannung allein für sich reflectorisch Fieber zu machen fähig ist, und es begreifbar sein, wenn einem deprimirenden Gemüthsaffecte eines ohnehin geschwächten Menschen unmittelbar Fieber folgt, — wenn Anaemie, Inanition, hohes Alter, weil sie mit Sauerstoffmangel immer verbunden sind, die Disposition zum Fieber, zu Entzündungen und Blutungen erhöhen.

Der Collapsus unmittelbar nach einer erheblichen Blutung, welcher auch starkem Erbrechen, profuser Diarrhoe sofort folgt, und in Sinken der Temperatur, in schwacher, beschleunigter Herzthätigkeit, allgemeiner hinfälliger Schwäche besteht, ist wenigstens nach vorausgehender Blutung der reine Ausdruck der Sauerstoffarmuth des Blutes und des Nervensystemes. Das meist nach 24 Stunden auftretende und in wenigen Stunden oft den Tod herbeiführende Wundfieber fügt die nach Ort und Grad pathologischen Erregungen der aufgehäuften Hitze und Kohlensäure hinzu, welche so sehr einen revolutionairen Excess freigewordener Kräfte vortäuschten und so wenigen Gedanken aufkommen liessen, dass es sich im Wundfieber nicht allein um ein Fortbestehen, sondern um eine Ausdehnung des ursprünglichen Collapsus des Nervensystemes handelt, dass die früheren Chirurgen veranlasst wurden, ihren Operationen reichliche allgemeine Blutentziehungen als praeventive Aderlässe vorauszuschicken. — Wir haben den entgegengesetzten Weg einzuschlagen; wir dürfen nicht den Tonus des Nervensystemes durch Blutentziehungen schwächen, sondern wir haben den Tonus des ganzen Nervensystemes durch Ernährung, zumal durch Sauerstoff möglichst zu erhöhen. Vor einer schweren Operation, wie vor Strapazen, vor einer Schlacht, haben wir jetzt das Blut möglichst mit Sauerstoff zu sättigen; der oxygenirte Operirte erträgt nicht allein den Blutverlust leichter, er ist auch — alle Bedingungen gleichgesetzt — mehr geschützt gegen Fieber und Entzündung, gegen den Tod durch Chloroform, gegen Erkrankung durch Pilze und Vibrionen. Es hat sich nach Preyer auch experimentell ergeben, „dass im Normalzustande selbst das sauerstoffreichste arterielle Blut in den Arterien nicht mit Sauerstoff gesättigt ist und durch Schütteln mit Sauerstoff noch etwas mehr aufnimmt, als es in der carotis enthält. Wahrscheinlich, meint Preyer, fliesst das Blut in den Lungen zu schnell, um sich daselbst unter gewöhnlichen Verhältnissen mit Sauerstoff sättigen zu können. Umgeben wir aber während der kurzen Zeit des Strömens in der Lunge das Blut mit mehr Sauerstoff, als gewöhnlich, so wird es seiner Sättigung näher kommen können.“ Die Erfahrung hat nun bereits entschieden, dass wir die Sauerstoffzufuhr zum Blute vom Magen und den Lungen aus willkürlich steigern können. — Nur durch die Einführung des Ozonwassers in den Arzneischatz ist die Oxygenirung Gesunder und Kranker ebenso leicht zugänglich geworden, wie die Stärkung derselben durch Wein u. s. w.

Wenn Säfte aus entzündeten Organen, das Blut fiebernder und an Entzündungen leidender Thiere Fieber und Entzündungen verursachen (Virchow, O. Weber), so enthalten die eben genannten in den Kreislauf injicirten Flüssigkeiten leicht oxydabele, also ozonraubende Körper, welche Fieber erzeugen, sobald die durch die Sauerstoffarmuth herbeigeführte Schwächung einen gewissen Grad und die Schwächung jene unbekannte Stelle im centralen Nervensysteme erreicht hat, deren Atonie jedem Fieber zu Grunde liegt. Gleichzeitig liefern die Experimente Virchow's und O. Weber's einen weiteren Beitrag, dass Fieber und Entzündungen pathologische Vorgänge gleichen Wesens sind. Wenn aus den Gefässen von Entzündungsheerden und schwer Fiebernder nicht allein farblose, sondern auch farbige Blutscheiben austreten, so haben wir uns zu erinnern, dass die Gefässe nach Durchschneidung ihrer vasomotorischen Nerven noch einer Zunahme ihrer Erweiterung durch Wärme fähig sind, dass die äusserste Lähmung der Gefässe, welche den Austritt auch der farbigen Blutscheiben per diapedesin (Cohnheim) gestattet, ohne höchst mögliche Erweiterung sich nicht denken lässt. — Die schwerste Form des Fiebers und der Entzündung ist ja die haemorrhagische. —

Die Deutung der Beobachtungen am Krankenbette nach Sauerstoffzufuhr sind ebenso wenig bei ihrer Neuheit etwas Fertiges, wie die Fabrikation des unerregten und erregten Sauerstoffs bis jetzt einen Abschluss erfahren hat, es ist daher unvermeidlich, dass die Anschauungen, welche den Zusammenhang der Erscheinungen erklären sollen, einem Wechsel unterworfen sind.

Die früher gehegten Ansichten, durch Abspaltungen werde Wärme gebunden und durch excessive Sauerstoffzufuhr aus dem Arteriensysteme verzehre der Sauerstoff unmittelbar den Bestand unseres Körpers, statt denselben zu ernähren, habe ich verlassen zu müssen geglaubt, wie ich auch belehrt bin, dass Kohlensäure ein Hinderniss der Gerinnung ist. Der Harnstoffretention oder der Retention harnsaurer Salze, welche im Fieber unzweifelhaft stattfindet, habe ich nicht gedacht, weil bis jetzt noch keine Thatsache vorliegt, welche berechtigt, mit dieser Retention giftiger Stoffe irgend ein constantes Fiebersymptom in einen Zusammenhang bringen zu dürfen. — Dass nach dem Sinne der vorher gegebenen Fieberhypothese die Trockenheit der Zunge und der Schleimhäute z. B. bei status typhosus nicht, wie bisher, auf gesteigerte Verdunstung, sondern auf mangelnde Wasserabsonderung in Folge der Parese der secretorischen Nerven — gleich der Trockenheit der Haut, der Abnahme des Urins — zu beziehen ist, sei hier noch erwähnt. — Wenn Dr. Stockes in Dublin sagt, dass die verschiedenen Localaffectionen als Theile des Fiebers selbst anzusehen sind und nicht als vom Fieber abtrennbare Zustände, so tritt unsere Hypothese um so mehr für diesen Ausspruch ein, weil sie sowohl die Entzündungen, als die Neubildungen während des Fiebers, als das Fieber selbst auf einen allen Erscheinungen gemeinschaftlichen Grund, auf die Schwäche eines bestimmten Theiles des centralen Nervensystemes zurückzuführen versucht. — Jeder Entzündungsheerd ist, wie wir seit Gierse wissen, eine örtliche Wärmequelle, dessen Temperatur höher, als die des eintretenden arteriellen Blutes ist und diese gesteigerte Wärmeproduction ist begreiflich, wenn durch Sauerstoffverbindungen, Abspaltungen, Zellenproduction und Zellendegeneration nur Wärme frei, jedoch weder bei dem einen, noch bei dem anderen Vorgange Wärme gebunden wird. Jedes entzündete Organ ist jedoch auch ein gelähmtes Organ, wie uns die Lunge darthut, welche während der Entzündung durch Erschlaffung vergrössert ist und daher ihre Inspirationsstellung dauernd einnimmt. — Dass auch im Entzündungsheerde eine Wärme- und Kohlensäureretention, eine nicht im Verhältniss zur gebildeten Wärme und Kohlensäure stehende Abgabe von Wärme und Kohlensäure stattfindet und die Wärmeretention ebenso sehr, wie die Wärmebildung, zur Temperaturhöhe des entzündeten Theiles beiträgt, ist wahrscheinlich, doch noch nicht erwiesen. — Dass der Kohlensäurekrampf der Gefässe zur Wärmeretention im Fieber beiträgt, ist bekannt, es ist aber meines Wissens noch nicht erwähnt, dass durch Körperanstrengungen, welche sich rasch auf einander folgen, z. B. beim Turnen, die Herzaction durch die Wärme und Kohlensäure so gewaltsam wird, dass in der Arteria subclavia dextra ein fremissement cataire beobachtet wird. —

Wenn in einem Entzündungsheerde Gerinnungen oder Fäulniss auftreten, so ist also, — so müssen wir mit A. Schmidt sagen, — die Energie der Oxydation, die electrische Kraft im Bereiche des Entzündungsheerdes gesunken und wenn, um Gerinnungen zu verhüten oder vorhandene zu beseitigen, statt Quecksilber Ozongas eingeführt wird, so stehen wir nicht im Widerspruche mit dem, was als Ursache der Gerinnung gelehrt wird. — v. Gorup-Besanez hat das Albumin durch Ozon ganz und gar zu Gas verbrannt, es ist daher möglich, dass durch künstliche Ozonzufuhr die Oxydation des Fibrins auch im lebendigen Körper über die Harnstoffbildung hinausgeht, und statt des durch die Nieren abzuscheidenden Harnstoffs kohlensaures Ammoniak producirt und durch Haut und Lungen entfernt wird. — Die Erfahrung hat nun schon gelehrt, dass z. B. serös-fibrinöse pleuritische Exsudate durch Ozonwasser auch in solchen Fällen noch mit Erfolg behandelt wurden, in welchen Jodkalium, Quecksilber, Kali aceticum, China, Eisen, Meerzwiebel u. s. w. versagt hatten. —

Dieser Erfolg jedoch ist nicht allein als Resultat eines einfachen Chemismus, sondern, wie wir früher sahen, auch des durch Ozon tonisirten, in seinen resorbirenden Kräften gesteigerten Nervensystemes zu deuten.

Und da nun sowohl Fieber, als auch eine entzündliche Auszchwitzung auf Nervenlähmung beruhen, Sauerstoff das tonicum für das gesammte Nervensystem ist, so ist es nicht auffällig, dass — bei Behandlung eines mit Fieber verbundenen Exsudationsprozesses durch Sauerstoff — Abnahme des Fiebers und Zunahme der Resorption gleichzeitig beobachtet werden kann.

Fassen wir das Vorhergehende zusammen, so beruhen die Symptome des fieberhaften Zustandes

1) auf ungenügender Zufuhr des Oxygens und der Nährstoffe, —
2) auf zu starkem Zerfall der Körperbestandtheile,
3) auf übermässiger Retention der Zerfallproducte: Wärme, Kohlensäure, Wasser, Harnstoff oder Harnsäure. —

Diese drei jeden fieberhaften Zustand constituirenden Momente sind manifeste Acte der Schwäche und lassen mit Nothwendigkeit schliessen

4) auf Atonie gewisser Theile des centralen Nervensystems, welche in der Zeit ihres kraftvollen Bestehens den allgemeinen Stoffwechsel so beherrschen, dass die körperliche und geistige Leistungsfähigkeit des sich gesund fühlenden Menschen resultirt. —

Die desinficientia des Blutes, die tonica des Nervensystemes haben wir im Sauerstoff und in seinen Modificationen zn suchen. Ueber diese Modificationen sagt die neueste Chemie nach der Berlinischen Zeitung vom 18. August d. J. Folgendes:

„Der merkwürdige, von dem Baseler Chemiker Schönbein entdeckte Körper, welcher wegen seines eigenthümlichen Geruches den Namen Ozon erhielt, ist bekanntlich kein neues selbstständiges chemisches Element, sondern wurde als eine Modification des Sauerstoffes erkannt. Wegen seiner Eigenschaft, andere Körper viel leichter und kräftiger zu oxydiren, als gewöhnlicher Sauerstoff, indem es sich schon bei niederer Temperatur mit ihnen verbindet und hierbei in der Regel gleich die höchsten Oxydationsstufen erzeugt, bezeichnete man das Ozon als „activen Sauerstoff"; doch blieb sein spezielles Verhältniss zum gewöhnlichen Sauerstoff längere Zeit unbekannt.

Schönbein selbst hatte eine Hypothese aufgestellt, welche er zuerst in einem an den berühmten Faraday gerichteten Briefe vom 25. Juni 1858 aussprach, und nach welcher es ausser dem Sauerstoff noch zwei verschiedene, einander entgegengesetzte Modificationen desselben gäbe; die eine sei das Ozon, die andere nannte er Antozon, und die Vereinigung beider wäre der gewöhnliche Sauerstoff. Ueber die Existenz des Antozons ist nun bis in die neueste Zeit gestritten worden.

Ehe wir hierauf näher eingehen, haben wir zunächst eine Entdeckung anzuführen, welche sich auf das Verhältniss des Ozons zum gewöhnlichen Sauerstoff bezieht.

Zwei englische Forscher, Andrews und Tait, fanden nämlich, dass Sauerstoffgas, wenn man es theilweise in Ozon verwandelt hat, einen kleineren Raum einnimmt, als es vorher ausgefüllt hatte, so dass also das Ozon dichter (specifisch schwerer) als Sauerstoff sein muss. Da sich das Ozon durch Erhitzen bis auf 237 Grad C. wieder in gewöhnlichen Sauerstoff verwandeln lässt, so liess sich die Probe machen; es musste nun auch umgekehrt der Raum, den das bis zu dieser Temperatur erhitzte und dann wieder abgekühlte Gas einnimmt, wieder grösser werden; und dies fanden Andrews und Tait in der That. Hierauf gestützt sprach zuerst v. Babo den Satz aus, dass ein kleinstes Massentheilchen Ozon — ein Ozon-Molekül — eine grössere Anzahl Atome enthalten müsse, als ein Sauerstoffmolekül.

Zum besseren Verständniss dieses Satzes, und da die Bezeichnungen Atom und Molekül früher häufig weniger streng von einander unterschieden wurden, sei es gestattet, hier kurz die strengeren Definitionen, durch welche die neuere Chemie diese Begriffe präcisirt, einzuschalten.

Nach der Ansicht unseres berühmten Mitbürgers, des Professor Hofmann, kann die Theilbarkeit der Materie als eine dreifache aufgefasst werden, nämlich als molare, molekulare und atomistische. Die molare Theilung ist diejenige, welche noch mit mechanischen Mitteln bewerkstelligt werden kann und bei welcher man immer noch wahrnehmbare, wenn auch sehr kleine Theilchen erhält, welche als Aggregate von Molekülen anzusehen sind. Denkt man sich aber die Materie nach der zweiten Form getheilt, so erhält man als Resultat die Moleküle, welche weder auf mechanische, noch auf irgend eine andere Art darstellbar, also auch nicht wahrnehmbar sind. Ein Molekül ist die geringste Menge, in welcher ein Körper im freien Zustande existiren kann. Noch weniger ausführbar ist die Theilung in Atome, aus denen man sich die Moleküle denkt. Ein Atom repräsentirt das Minimalgewicht, mit welchem ein Stoff in eine chemische Verbindung einzutreten vermag.

Die Annahme, nach welcher die Grundstoffe nicht mit dem Minimalgewichte, welches ihren kleinsten Theilchen im freien Zustande entspricht, (dem Molekulargewicht) in chemische Verbindung eintreten, sondern mit ihrem Atomgewicht, ist für die Auffassung des Wesens der chemischen Prozesse von der grössten Bedeutung und begründet einen wesentlichen Unterschied zwischen der früheren Anschauungsweise und den der modernen Chemie. Ohne auf die weiteren Consequenzen hier näher einzugehen, wird es an dieser Stelle genügen, zu bemerken, dass die Zahl der Atome, welche in einem Molekül zusammengedrängt sind, eine verschiedene sein kann. Nach Hofmann hat man hiernach eine verschiedene Molekularstructur zu unterscheiden. Als normal gilt diejenige, bei welcher ein Molekül durch zwei Atome constituirt wird; das Musterbeispiel hierzu ist der Wasserstoff, welcher daher auch zweiatomig bezeichnet wird. Hiervon abweichend sind z. B. Quecksilber und Cadmium, welche sich als einatomig erweisen; ebenso Phosphor und Arsen, welche vieratomig sind u. s. w. Dies ist jedoch nicht zu verwechseln mit der Fähigkeit eines Atomes, ein, zwei, drei u. s. w. andere Atome chemisch zu binden, für welches Verhalten Hofmann die Bezeichnung „Werthigkeit“ vorgeschlagen hat, so dass man also einwerthige (univalente), zweiwerthige (bivalente) u. s. w. Elemente zu unterscheiden hat.

Der Sauerstoff ist nach dieser Auffassung zweiatomig, das Sauer-Molekül enthält also zwei Atome. Wenden wir dies nun auf den obigen Babo'schen Satz an, so hat man durch denselben zunächst festgestellt, dass das Ozonmolekül mehr als zwei Atome haben muss. Aber noch fehlte das genauere Verhältniss, bis es Soret gelang, durch sehr sinnreiche Versuche definitiv nachzuweisen, dass das Ozon gerade $1\frac{1}{2}$ Mal so schwer ist, als gewöhnliches Sauerstoffgas. Da nun beide aus ganz gleichartigen (aus Sauerstoff-) Atomen bestehen, so folgt hieraus mit Nothwendigkeit, dass in einem Ozonmolekül drei Sauerstoffatome vereinigt sind. Hierdurch sind die Beziehungen von Sauerstoff und Ozon klargestellt.

Was nun aber das Antozon betrifft, so ist die Existenz desselben schon früher von den verschiedensten Seiten stark bezweifelt, aber bis in die neueste Zeit auch immer wieder behauptet worden, und neuerdings erst haben Carl Engler und Otto Nasse durch eine Reihe von Versuchen dargethan, dass kein Grund zur Annahme dieses Körpers vorliegt.

Nach Meissner soll durch Electrisiren von Sauerstoff ein Gemisch aequivalenter Mengen von Ozon und Antozon entstehen, und wenn dasselbe durch eine Jodkaliumlösung geleitet wird, so soll diese das Ozon, nicht aber das Antozon aufnehmen, dessen Gegenwart sich dadurch kundgäbe, dass das desozonisirte Gas in Gegenwart von Wasser Nebel bildet.

Leitet man den ozonisirten Sauerstoff durch ein mit Stücken von frischem Zinknatrium gefülltes U-förmiges Rohr, so verschwindet der Ozongeruch vollständig, das Ozon wird zerstört. Schaltet man aber dasselbe Rohr zwischen der Jodkaliumlösung und dem Wasser ein, über welchem die Nebelbildung stattfinden soll, so kann man die Nebel wie gewöhnlich beobachten, das Zinknatrium zerstört also das Antozon nicht.

Nach Meissner treten die Eigenschaften des Antozons erst nach Beseitigung des Ozons auf. Wäre nun in der That gleich Anfangs mit dem Ozon zusammen Antozon gebildet worden, so mussten die Nebel sich auch zeigen, wenn man den ozonisirten Sauerstoff erst durch Zinknatrium und dann über Wasser leitet; Engler und Nasse konnten aber bei dieser Anordnung des Versuches keine Nebel wahrnehmen.

Leitet man aber ozonisirten Sauerstoff erst durch das Chlorcalcium, dann durch Jodkalium und schliesslich über Wasser, so sind die Nebel wieder da; das Antozon wird also nicht gleichzeitig mit dem Ozon gebildet, sondern entsteht erst, indem das Ozon eine Zersetzung erfährt. Aber nicht immer, wenn Ozon zerstört wird, tritt der für Antozon gehaltene Körper auf, z. B. nicht bei Zerstörung des Ozons durch Zinknatrium. Dieser Fall ist deshalb bemerkenswerth, weil das Zinknatrium im trockenen Zustande vom Ozon angegriffen wird, während zahlreiche andere Körper, wie Jodkalium, Cyankalium, Schwefelkalium u. a., auf die das Ozon, wenn sie sich im feuchten Zustande befinden, leicht wirkt, trocken von demselben nicht angegriffen werden. Auch trockenes Magnesium wird vom Ozon nicht angegriffen, während ein befeuchteter Magnesiumstreifen unter Bildung von Antozon sofort zerstört wird.

Zu den wenigen Körpern, die im trockenen Zustande vom Ozon angegriffen werden, gehört auch das Jod; aber der in diesem Falle entstehende, mit Wasser Nebel bildende Körper ist nicht Antozon, sondern — Jodsäure.

Aus allen diesen und anderen Beobachtungen geht hervor, dass der als Antozon bezeichnete Körper immer nur dann entsteht, wenn Ozon bei Gegenwart von Wasser zerstört wird. Engler und Nasse schliessen sich deshalb der schon früher von v. Babo und Weltzien ausgesprochenen Ansicht an, dass Antozon nichts Anderes sei, als Wasserstoffsuperoxyd (d. h. die zweite, höhere Oxydationsstufe des Wasserstoffs; die erste ist bekanntlich das Wasser). Die Bildung des Wasserstoffsuperoxyds bei der Desozonisation denken sie sich so, dass das Ozon bei der Einwirkung auf Jodkalium von seinen drei Sauerstoffatomen nur eines zur Oxydation abgiebt, während die beiden andern gewöhnlichen Sauerstoff bilden. Kann das Jodkalium diese beiden Sauerstoffatome nicht zur Oxydation verwenden, so ist es wahrscheinlich, dass sie oxydirend auf das Wasser wirken werden; man muss demnach schliessen, dass das Jodkalium die Ozonmoleküle zunächst aufschliesst (lockert), dass aber von einzelnen Ozonmolekülen gar kein Sauerstoff an Jodkalium, sondern nur an Wasser abgegeben wird. Die Nebelbildung beruht darauf, dass mit dem Ozon ein grosser Ueberschuss von gewöhnlichem Sauerstoff die Lösungen durchstreicht, welchen das gebildete Wasserstoffsuperoxyd mit sich reisst; letzteres bildet, sobald es in eine hinreichend Wasserdampf enthaltende Atmosphäre gelangt, Bläschendampf oder Nebel, bei verdünnten Lösungen direct über denselben, bei concentrirten erst bei weiterem Zusammenkommen mit Wasser.

Auch in Betreff der sogenannten „Ozonide“ und „Antozonide“, welche auf Grund von Schönbein's Hypothese von diesem und Anderen angenommen und beschrieben worden sind, haben Engler und Nasse gefunden, dass die angeblichen Eigenthümlichkeiten dieser beiden Gruppen von Verbindungen bei genaueren Untersuchungen in Wirklichkeit nicht existiren.

Oscar Loew in New-York pflichtet zwar dem von Engler und Nasse über das Antozon Ermittelten bei, will aber doch noch eine vom Ozon und vom gewöhnlichen Sauerstoff verschiedene Modification der letzteren, und zwar als oxydirendes Princip im Terpentinöl nachgewiesen haben. Schönbein schrieb die von ihm 1851 entdeckte oxydirende Wirkung des Terpentinöles einem Gehalte an Ozon zu; Berthelot und O. Wolffenstein sind dagegen der Ansicht, dass gewöhnlicher Sauerstoff im Terpentin gelöst sei; nach Loew aber ist es Sauerstoff im Zustande freier Atome, für welchen er nun die Bezeichnung „Antozon“ vorschlägt, so dass es also doch drei verschiedene Modificationen des Sauerstoffs gäbe. Bezeichnet man also, wie üblich, das Atom des Sauerstoffs durch den Anfangsbuchstaben seines lateinischen Namens (Oxygenium), so hätte man

[OO]	[OO] O	O
Gewöhnl. Sauerstoff.	Ozon.	Antozon.

Dieser „neue Antozon“ wäre aber natürlich von dem von Schönbein aufgestellten ganz verschieden, da man sich nicht aus seiner Vereinigung mit dem Ozon den gewöhnlichen Sauerstoff constituirt denken kann. Nach Loew soll er in lockerer, mehr physikalischer als chemischer Verbindung, noch mit der Wärmehülle umgeben, im Terpentinöl gelöst sein, so dass er erst nach längerer Zeit eine Harz- und Wasserbildung herbeiführt und dass er im Stande ist, mit Wasser direct das Superoxyd des Wasserstoffs zu bilden und, wie Ozon, Jodkalium zu zersetzen. J. M.

Nach dieser werthvollen Auseinandersetzung haben wir nur — zur Erklärung der Wirkungen des in das Magendarmrohr oder in die Lungen eingeführten Ozongases — zu erinnern, dass das Ozongas innerhalb unseres Körpers bei Gegenwart von Wasser zerstört wird und daher eine seinem Verschwinden parallel gehende Bildung von Wasserstoffsuperoxyd, dessen oxydirende Kraft früher erörtert worden ist, verursachen muss. — Weil Ozongas nicht aufs trockene Jodkalium einwirkt, so werden — den gleichen Vorrath an Ozon in der Atmosphäre vorausgesetzt — die Reagenzpapiere um so rascher sich entfärben, je grösser die Quantität der Luftfeuchtigkeit ist, welche das Haarhygrometer, besser das Psychrometer anzeigt; — andererseits werden die Reagenspapiere trotz vorhandenen Ozons sich gar nicht entfärbten, wenn die trockenen Papiere in absolut trockener Luft aufgehängt werden. — Eine strenge Vergleichung an verschiedenen Orten und zu verschiedenen Zeiten vorgenommenen Ozonmessungen ist also nur möglich, wenn der Grad der atmosphärischen Feuchtigkeit exact zu messen und gemessen worden ist. —

Atmosphärisches Ozon.

Von

Dr. Lender.

II. Theil.

Separat - Abdruck aus Goeschens „Deutscher Klinik“ 1873.
Druck von Georg Reimer in Berlin.

Ein Fall von Flecktyphus, wesentlich durch electrischen Sauerstoff behandelt.

Herr Th. Sch., Kaufmann, 34 Jahr alt, von mittelkräftiger Constitution, hatte am 3. März d. J. im Bahnhofsgebäude zu Stettin ein Beefsteak seiner Beschaffenheit wegen mit grossem Widerwillen gegessen und kehrte am 4. März mit Appetitlosigkeit nach Berlin zurück. Abends 8 Uhr dieses Tages Frost mit Klappern der Zähne; in der Nacht Schlaf mit Unterbrechungen desselben. Pat. lebt in den besten Verhältnissen. —

5. und 6. März: Kopfschmerz, Magendrücken, Zungenbelag. — Ordinirt: Friedrichshaller Bitterwasser. —

III.) 7. März: überaus starker Kopfschmerz, Zunahme des Magendrückens und des Zungenbelags. Emeticum aus Tartar. stib. und rad. Ipecacuanh. durch welches galliger Schleim entleert wird. —

(IV.) 8. März: diphtheritischer Belag des Zahnfleisches, Schmerzen in der Milzgegend und in beiden Knien. — Der Kranke verlangt Ozonwasser und stillt von diesem Tage an fast bis zu seiner Genesung den Durst durch das genannte Wasser. — Ordinirt: Rheuminfus mit Mittelsalzen zweistündlich, bis ein breiiger Stuhlgang eintritt. Milz bis zur 8. Rippe hinaufreichend. — Andeutungen von Fleckenbildung Abends. Im Urin kein Eiweiss.

(V.) 9. März: dunkelrothe, durch Fingerdruck verblassende, bis linsengrosse Flecken — zumal an der Bauchseite des Rumpfes — auf der Körperhaut zu constatiren. — Kopfschmerz mässig. — Augen leicht gelblich entfärbt, Temperatur Abends $^1/_2$7 Uhr 40,1.

(XI.) 10. März: in der Nacht mässig delirirt; und vier Stunden gut geschlafen. — $^1/_2$6 Uhr Morgens 39,9 T. — Zunge weniger belegt, weniger Durst, Exanthem stärker hervortretend. — Abends 7 Uhr 40,0 T., 104 Pulse gross und mässig gespannt.

(VII.) 11. März: Nachts Schlaf, doch mehr Delirien, Icterus stärker, Bauchexanthem auf cyanotischer Basis stehend, Zunge mässig belegt und trocken, Schweisse. — T. 39,8 Morgens 10 Uhr. — Pulse 100, weniger kräftig. — Abends 7 Uhr: 40,3. — Das Zahnfleisch, welches durch concentrirtes Ozonwasser vom diphtheritischen Belag gereinigt wurde, bleibt frei. — Wahnideen.

(VIII.) 12. März: vieliSchlaf, geringe Delirien, mässige Schweisse, Zunge feucht. T. 39,8 um $^1/_2$8 Uhr Morgens, Pulse 102. T. 40,3 um $^1/_2$8 Uhr Abends. — 8 Uhr Abends Eiswasser-Compressen wegen Beginn starker Delirien, der Kranke will das Bett verlassen.

(IX.) 13. März: das starke Delirium hat bis 5 Uhr Morgens angedauert. Viel Schweiss, Zunge trocken; Appetit vermindert, der seit dem 9. vorhanden war; Stuhl normal; Urin dunkelroth, klar. — Morgens $^1/_2$9 Uhr T. 39,3; Pulse 88. — Abends $^1/_2$9 Uhr 39,5. —

(X.) 14. März: viel Schlaf und Schweiss, Haut duftend, Exanthem sehr blass, Zunge reiner und weniger zur Trockenheit neigend, Durst mässig, kein Stuhl, Urin weniger hochgestellt. Morgens $^3/_4$8 Uhr T. 39,0. — Pulse 84, nach Aufregung 100. — Abends 9$^1/_4$ Uhr T. 39,8. — Urin durch den Catheter zu entleeren, ohne Eiweiss. —

(XI.) 15. März: Nacht sehr unruhig, 3$^1/_2$ Uhr Morgens Urin durch den Catheter entleert. — Mässige Delirien, oft Bewusstsein. Zunge ziemlich rein, feuchter als gestern. — Ziemlich viel gegessen und getrunken. Haut turgescirend, Flecke gering, leichter Meteorismus, Blase gefüllt und durch den Catheter 2 Quart dunkelgelben, völlig klaren Urin entleert. — Von $^1/_2$4 Uhr bis $^3/_4$7 Uhr früh allgemeiner Schweiss. — $^3/_4$8 Uhr Morgeus T. 39,9, Pulse 100, mässig gross. Mittags $^3/_4$12 Uhr T. 39. Abends 6 Uhr T. 40,4. — Nach einer Consultation Chinin muriatic. 0,8 in einer Gabe $^1/_4$8 Uhr Abeuds. Nach einem Clysma starke normale Faeces. —

(XII.) 16. März: Von 1—4 Uhr Morgens tiefer Schlaf. $^3/_4$8 Uhr Morgens T. 39,1. — Bewusstsein weniger benommen. Vou 10$^1/_2$ Uhr Morgens tiefer Schlaf. — Bouillon, Haferschleim, Chocolade, Wein, wie sonst, gern genossen. — Abends $^3/_4$8 Uhr 39,1.

(XIII.) 17. März: Von 2 Uhr Nachts bis 7$^1/_2$ Morgens Schlaf und profuser Schweiss. Der am 16. durch den Catheter entleerte röthlich gelbe Urin ist nach dem Erkalten durch harnsaure Sedimente sehr stark getrübt. — Zuweilen leichte Delirien, Zunge an den Rändern feucht, in der Mitte trocken. Ungarwein, wie jedes Getränk, gern genossen. — $^1/_4$10 Uhr T. 39,2. — Pulse 11 Uhr Morgens: 98 und ziemlich kräftig. — Abends $^1/_2$6 Uhr T. 39,2. — Abends $^1/_2$7 Uhr 0,4 Chin. muriaticum nach einer Consultation.

(XIV.) 18. März: 8$^1/_2$ Uhr Morgens T. 39,5, Pulse 84 gross und weich. — Zunge dick weiss belegt, weniger im mittleren Drittel, einzelne Stellen der Zunge völlig rein. Keine Delirien. Unterleib nach 2 durch Clysma herbeigeführten Entleerungen normal. — $^3/_4$6 Uhr Abends vor dem Catheterismus 39,8; um 11 Uhr Abends, nachdem $^1/_2$7 Uhr 2$^1/_2$ Quart eines rothgelben Urins entleert worden sind, 39,0°. — Urin stark sauer und nach dem Erkalten starkes Sediment von harnsauren Salzen. — Leichter Catarrh der oberen Luftwege. — Von 11—12 Schlaf und Schweiss. Abends 0,4 Chin. muriatic. nach einer Consultation. Die Rückenhaut ist blauroth und wird mit concentrirtem Ozonwasser gewaschen. —

(XV.) 19. März: Schlaf unterbrochen durch leichte Delirien. Zuweilen Schweiss, sudamina auf Stirn und Nase; Augenlider leicht verklebt; Zunge stark belegt mit reinen Rändern; Rückenhaut nicht mehr blau entfärbt, Appetit und Durst geringer. Normaler Stuhl nach Clysma. — Etwas Harn spontan entleert, der durch den Catheter entleerte Urin ist äusserst reich an harnsauren Salzen. — Husten gering, sputa zäh und spärlich. — $^3/_4$8 Uhr T. 38,9. Pulse 84. — $^1/_2$8 Uhr Abends 39,2. — Nachts 19/20: von 12—1 Uhr allgemeiner Schweiss. —

(XVI.) 20. März: vier Stunden anhaltender Schlaf, dann durch leichte Delirien unterbrochen, Zungenbelag in Fetzen sich abstossend; Urin durch den Catheter entleert, reich an harnsauren Salzen, gelbroth. — $^1/_2$8 Uhr Morgens 38,8. Pulse 84. Gegen Mittag Znnge ganz rein. — Schlaf seit 3—4 Tagen durch leichte, sehr heitere Delirien unterbrochen. — Abends 7 Uhr 38,6. —

(XVII.) 21. März: Nachts von 1—3$^1/_2$ Uhr allgemeiner Schweiss und von 7 Uhr Morgens. — $^3/_4$8 Uhr T. 38,2, Pulse 84 gross und gespannt. — Urin sehr reichlich, stark sauer und sedimentirend, spontan gelassen. — Zunge rein, starker Schweiss, Bewusstsein klar. Abends 38,8 T. — Stuhl nach Clysma normal. Appetit gut, viel Durst. — Zähne schleimig belegt. —

(XVIII.) 22. März: $^3/_4$8 Uhr Morgens 38,4; Pulse 84, gross und kräftig. — Viel geschlafen und gesprochen, gern gegessen (3 Austern) und getrunken. — Zunge dunkelroth, feucht, rein. Urin spontan gelassen und stark sedimentirend. Nach Clysma und spontan zum ersten Male geformte faeces. — Oefters Delirien; subsultus tendinum, Flockenlesen. — Abends 8—11 Uhr starker Schweiss. — Hunger sehr stark. — Seit zwei Tagen Milch ge. trunken. —

(XIX.) 23. März: $^3/_4$8 Uhr Morgens T. 38,6. Resp. 28. — Fortwährende Somnolenz, Zunge etwas belegt, cyanotisch; Appetit gut auf Wein und Austern. — Nachts starker Schweiss. — Sehnenhüpfen und Flockenlesen. Urin ammoniakalisch riechend. — 11 Uhr Morgens: Respirationen 44. — Ordinirt: Zur Stillung des Durstes concentrirtes Ozonwasser und $^1/_2$ Flasche dieses Wassers stündlich per anum beigebracht. — Um 2 Uhr 36 Respirationen, um 3 Uhr 32 Respirationen, Abends 28 Respirationen und 96 Pulse nach Verbrauch von 5 Flaschen concentrirtem Ozonwasser, ausserdem tiefer Schlaf, Zunge feucht und dunkelroth, subsultus tendinum und Flockenlesen geringer. — T. 38,0 am Abend.

(XX.) 24. März: Schlaf und starker Schweiss in der Nacht; Gesicht blass, Bewusstsein zuweilen vollständig. — Schwäche sehr gross, Zunge belegt, mässig trocken. Appetit gut, kein Stuhl, viel klarer Urin. — T. 38,3 früh. Pulse 96. Resp. 28. T. 38. Abends. — P. 84. Normaler Stuhl nach Oelklystier. — Nachts zwischen 10 und 11 Uhr: Pulse 88, Resp. 28. — Somnolenz mit jähem Auffahren und Unruhe. — Viel trüber Urin. Husten häufiger, wie bisher.

(XXI.) 25. März: T. 38,1. Pulse 86; Resp. 32. — Urin sehr reichlich mit starkem Sediment harnsaurer Salze. — Bronchialcatarrh geringer. — Zunge noch Neigung zur Trockenheit. — Schweiss von 6—9 Uhr. — Nachts geringe Delirien. Schlaf fast ununterbrochen. Lippen bleich, Appetit gut. — Infus. Senegae 24 Stunden hindurch. Nachts 25/26: Pulse 74; profuser Schweiss, so stark, wie noch nie, und foetide. — Starke Entleerung eines gelbrothen Urines mit harnsauren Sedimenten. — Catarrh erheblich nachgelassen. —

(XXII.) 26. März- viel Schlaf. T. 37,6 Morgens, Pulse 80, Resp. 28. — Zungenbelag im Abstossen. — Kein Flockenlesen und kein subsultus tendinum mehr. — Bewusstsein fast vollständig. — Viel Appetit und Durst. —

(XXIII.) 27. März: Ruhiger Schlaf. Schweisse. — Zunge wenig belegt, feucht, — Appetit. — Durst gering. Seit zwei Tagen kein Stuhl, daher leichte Auftreibung des Leibes. — Chinawein. — T. 37,4. — Pulse 80—84.

(XXIV.) 28. März: Schlaf, völliges Bewusstsein. Klage über Schwäche, zumal der unteren Extremitäten. Stöhnen. Zunge rein, dunkel. Urin viel Sediment. T. 36,4. P. 80. — Abends 37,3.

(XXV.) 29. März: sehr ruhiger Schlaf, klares Bewusstsein, Haut duftend, Zunge rein. — Durst gering. Appetit. — Mehr Beweglichkeit der Füsse. Urin sedimentirend. Stuhlgang nach Clysma. T. 37,2. Pulse 82 kräftig. — 4 Uhr Nachmittags Delirien; Verlangen das Bett zu verlassen; durch kalte Umschläge und Clystiere mit concentrirtem Ozonwasser tritt $^1/_2$7 Uhr Abends ruhiger Schlaf ein, der bis 11 Uhr Abends andauert. —

(XXVI.) 30. März: Zunge rein, dunkel, wenig Durst, Appetit. Bewusstsein etwas benommen — Husten. — $^1/_2$5 Uhr spontaner Stuhlgang. — $^1/_4$4 Uhr Morgens T. 36,5. Pulse 84. Resp. 24.

(XXVII.) 31. März: Nachtschlaf besser, Morgens sehr gut; Schweiss. — Bewusstsein fast vollständig. Hände kühl, Zunge rein und hellroth. — Hunger. Urin klar, erst nach Erkalten Sediment. Morgens T. 36,3, — Pulse 80. R. 24. Abends 9 Uhr: 108 Pulse mässig gross und gespannt, Hände kühl. — Wahnideen noch vorhanden.

(XXVIII.) 1. April: Nachts Schlaf unterbrochen, gegen Morgen sehr ruhig. Schweiss. — Zunge hellroth und feucht. — Copiöser Stuhl nach Clysma. — Bewusstsein völlig klar. — T. 37,5. Pulse 100. — Abends 37,3. —

(XXXIX.) 2. April: Guter Schlaf, Schweiss. Nach Clystier copiöser Stuhl. Urin fast ohne Sediment, Husten gering. — Decubitus am rechten Trochanter und auf dem os sacrum. — T. 37,3. Pulse 92.

(XXX.) 3. April: Guter Schlaf, wenig Schweiss; Turgor der Wangen bemerkbar. Zunge hellroth, feucht. — Appetit stark. — Am linken Trochanter ein Furunkel. — T. 37,3. Pulse 80. —

(XXXI.) 4. April: 36,2. R. 24. —

(XXXII.) 5. April: Gut geschlafen, Appetit stark, Puls kräftig, Temperatur wird nicht mehr gemessen. Vom 12. April an mehrere Tage hindurch schmerzhafte Anschwellung einiger, vor dem rechten und linken musc. sternocleidomastoideus gelegener Drüsen. —

Vom 9. März betheiligte sich Herr Prof. v. Adelmann an der Behandlung; demselben verdanke ich einen grossen Theil der hier gegebenen Notizen. — Etwas acidum muriaticum ist in der ersten und zweiten Krankheitswoche gegeben worden, dagegen hat Patient, — wenn wir eine Flasche concentrirten Ozonwassers, welche auf ein Liter Wasser fast $^1/_2$ Cubikcentimeter Ozongas enthält, zwei Flaschen einfachen Ozonwassers gleich rechnen — per os et anum über 200 Flaschen Ozonwasser verbraucht. — In schweren Momenten wurden nachdem der Darm durch warmes Wasser gereinigt war, Lavements mit concentrirtem Ozonwasser gegeben mittelst einer englischen Gummispritze, deren aufsaugendes Rohr in die Flasche getaucht wurde. — Als im Laufe des 19. Krankheitstages Patient — höchst wahrscheinlich durch engouement der hinteren Parthieen beider Lungen — 44 Respirationen in der Minute zeigte, vermochte die excessive Anhäufung von Kohlensäure lediglich durch dieses Verfahren beseitigt zu werden, so dass es der Verstärkung dieses Verfahres durch Inhalation reinen unerregten Sauerstoffs nicht bedurfte. — So lange die Zunge dunkelroth war, bestand Retention von Kohlensäure; gleichwohl fragte ich mich, ob nicht die starke Zufuhr von electrischem Sauerstoff ein Moment sei, welches die vorhandenen Delirien verstärke; allein durch Aussetzen desselben behielten die Delirien ihre Stärke bei oder nahmen an Stärke zu, so dass wir von der dritten Krankheitswoche die Zufuhr des electrischen Sauerstoffs nicht mehr ausgesetzt haben, mochte eine andere Verordnung nebenher laufen oder nicht. — Wegen des seltsamen Ganges der Temperatur wurde die Vermuthung ausgesprochen, es handele sich wohl um einen Typhus abdominalis; allein nie hat epistaxis, nie ein auf Infiltration und Ulceratiou der Peyerschen plâques deutendes Symptom, nie ein dem Typhus abdominalis entsprechender Milztumor, ebenso wenig eine Febris hectica bestanden. —

Die sonst ominösen Symtome: Flockenlesen und Schnenhüpfen vermochten mein Vertrauen in den guten Ausgang nicht zu erschüttern, weil die Herzthätigkeit stets Kraft und Maass dadurch zeigte, dass das Vaguscentrum durch die Sauerstoffatome des electrischen Sauerstoffs stetig ernährt wurde uud durch die gebundenen Kräfte des Ozongases in seiner electrischen Einwirkung auf die Herzthätigkeit einen stetigen Zuwachs erfuhr. — Auch aus dem Gange der Temperatur dieses Falles (XII, XIII, XIV, XVI, XIX, XX. Krankheitstag) muss man schliessen, dass die gebundenen Kräfte des reichlich zugeführten Ozongases nicht als Bewegung oder Wärme, sondern als Electricität frei geworden sind und daher durch Steigerung der electrischen Kraft des centralen Nervensystems zur Verminderung des Stoffwechsels, und daher der Temperatur, dèr Herz- und Athembewegungen einen Beitrag geliefert haben. — Der fortdauernd vorhandene Schlaf und Appetit, die starke Thätigkeit der Haut, der Nieren, der Zungendrüsen erscheint nicht minder als eine Folge der künstlichen Tonisirung des centralen Nervensystems. — Der stark saure Urin mit seinen massenhaften harnsauren Salzen kann allerdings die Folge eines reinen Chemismus, der Zufuhr eines Gases sein, welches die stärksten exydirenden Kräfte hat. Alexander Schmidt in Dorpat erinnert jedoch daran, dass alcalisch secernirter Urin auf eine tiefe Depression des centralen Nervensystems hinweise. — Endlich ist die Reflexion gestattet, dass, da der Stoffwechsel des Menschen nur Wärme, Bewegungen, Electricität frei macht, durch die Zufuhr eines an gebundenen Kräften überaus reichen Gases Electricität frei werden muss, wenn Wärme, Herz- und Athembewegungen nicht vermehrt werden. — Diese Reflexion ist um so mehr gestattet, wenn durch Zufuhr des electrischen Sauerstoffs Temperatur und Herzbewegungen abnehmen, so dass wir auch durch diese Beobachtung belehrt werden, dass der Stoffwechsel mit den beiden Körperkräften, welche Wärme und Bewegung heissen, der Electricität des centralen Nervensystems untergeordnet ist.

Die Desinfection des Krankenzimmers durch Ozongas, wie sie früher von mir in der deutschen Klinik beschrieben worden ist, begann bereits am 7. März, also am dritten Tage der Krankheit. —

Postcriptum: der Leib war immer weich und zeigte nur dann etwas Spannung, wenn Faeces oder Urin retinirt waren. — Fiebertemperatur (38,1) wurde am 21. Krankheitstage zuletzt beobachtet, gleickwohl deutete die dunkle Zunge am 26. Krankheitstage noch auf Kohlensäureanhäufung hin; erst am 27. Krankheitstage wurde die Zunge hellroth. Wie weit die Kohlensäureretention bei einer unter die Norm gesunkenen Temperatur auf Schwäche des rechten Herzens, der secretorischen Lungennerven, der Exspirationsmuskulatur, der gesunkenen Erregbarkeit der Medulla oblongata u. s. w. hindeutet, lässt sich nicht entscheiden, jedenfalls resultirt sie nur aus ungenügender Abfuhr, nicht wie im Fieber: aus ungenügender Ausfuhr und gleichzeitig über die Norm gesteigerter Bildung der Kohlensäure. — Der Krankheitsfall war ursprünglich nicht für die Publikation bestimmt, manche werthvolle Daten z. B. wann der Milztumor bereits nicht mehr nachweisbar, der Icterus bereits völlig aerschwunden, die Gehfähigkeit, die Sauerstofföthe des Gesichtes wiederhergestellt war, der Decubitus zuerst auftrat und verheilt war u. s. w. u. s. w. sind nicht genauer notirt worden. Patient vermochte am 20. Mai zur Erholung nach Wiesbaden abzureisen. — Es ist früher erwähnt worden, dass von den sieben Personen, weiche sich an der Pflege betheiligt haben, keine inficirt worden ist und in Bezug auf das aus übermangansaurem Kali, Mangansuperoxyd und Oxalsäure bestehende, auf Wasserzusatz Ozongas entwickelnde Pulver möchte ich noch hinzufügen, dass es weder feucht, noch lange Zeit, noch warm aufbewahrt werden darf, und daher nur auf Bestellung verabreicht, resp. bereitet wird.

Typhus abdominalis im 2. Stadium, wesentlich durch Sauerstoff und electrischen Sauerstoff behandelt.

Eine 26 Jahr alte, fast kräftig gebaute Dame, seit dem 6. März an einem milde verlaufenden Typh. abd. in sorgfältiger Behandlung und Pflege, verfiel am 8. April 9 Uhr Morgens — im Bette liegend — in höchste Schwäche, Blässe, in Erkalten und Regungslosigkeit trotz Anrufens. Dieser Collapsus — mit kaum zähl- und fühlbaren Pulsen drei Stunden andauernd — trat ein ohne eine unmittelbar vorhergehende Ursache und trotzdem eine starke Chininlösung in Gebrauch war. Verordnung: Beibehaltung der bisherigen Diät, Verbrauch der Chininlösung, Patientin soll mit und ohne Wein so viel Ozonwasser trinken, als sie mit Bereitwilligkeit nehmen wird. — Schwerhörigkeit, Urin gelb.

10. April: T. 37,5 Morgens, 39° Abends. — 11. April: T. 38,3 Morgens, 39,6 Abends. — 12. April: T. 39,7 Morgens und 108 Pulse, Urin dunkelroth, Schmerz in der rechten Schulter; Nachmittags: Icterus. T. 40,4 Abends. — Trinken und Lavements von concentrirtem Ozonwasser, (zweistündlich $^1/_2$ Flasche). — 13. April: T. 40,6 Morgens, Resp. 48; Pulse 144, starke Cyanose. — Percussionsschall hinten rechts beiderseits bis 8. Rippe gedämpft, fremitus pectoralis nachweisbar im Bereiche der Dämpfung. — Lebergegend nicht empfindlich, Leber nicht vergrössert. — Inhalationen von Sauerstoff, theils rein, theils durch Ozonwasser, werden von 10 Uhr Morgens den alten Verordnungen hinzugefügt. — Nachmittags 2 Uhr: Blässe des Gesichtes, 28 Resp., 120 Pulse. — Abends $7^1/_2$ Uhr: Resp. 22, Pulse 104. Dämpfung des Percussionsschalles hinten beiderseits über zwei Queerfingerbreit abgenommen. — Abends $^1/_2$11 Uhr 96 Pulse. —

14. April: T. 38,8 Morgens. Um $8^1/_2$ Uhr hinten rechts Dämpfung verschwunden, hinten links bis zur 10. Rippe noch Dämpfung. Pulse 96, Icterus auf der Bauchhaut und an der albuginea sehr ausgesprochen. — Urin weniger dunkelroth, Zunge feucht, dünngrauweiss belegt. — Stuhl breiig und thonfarben, Leib weich. — Nacht zeitweise guter Schlaf, kein Schweiss. — Von 10 Uhr Morgens des 13. April bis 9 Uhr Morgens des 14. April sind 22 Kubikfuss Sauerstoffgas verbraucht worden. — Pat. fühlt sich wohler. —

$7^1/_2$ Uhr Abends: T. 38,7, Pulse 84. Schweiss seit 5 Uhr beginnend, doch nur am Kopf und an der Brust zu constatiren. — Resp. 28. Urin roth, hell. Im Ganzen 30 Kubikfuss inhalirt. — Patientin klagt über Halsschmerzen, welche von der so andauernden Inhalation des Sauerstoffs durch concentr. Ozonwasser möglicherweise herrührten; dieselben verschwinden bald, als der Sauerstoff durch Chamillenthee inhalirt wird.

15. April: T. 37,4, Pulse 88, Resp. 32 Morgens. Reichlicher Schlaf, Faeces thonfarben. Appetit. — Abends: 37,6, Pulse 84. —

16. April: T. 37, Pulse 76, Resp. 26, Lebergegend nicht empfindlich, Leber nicht vergrössert, Zunge fast rein, Urin grünlich-hellroth, klar. — Leib leicht aufgetrieben. —

17. April: hinten links keine Dämpfung, Stuhl etwas gefärbt; Icterus allgemein. T. 37 M.; 37,3 Abends.

18. April: T. 36,4 M.; 37,3 Abends.

19. April: T. 36,2 M.; 37,4 Abends.

20. April: T. 36,2 M.: 38,1 Abends.

21. April: T. 36,3 M.; 37,3 Abends.

22. April: T. 36,3 M.; 37,2 Abends.

23. April: T. 36,3 Morgens $^1/_2$7 Uhr. — 4 Uhr Nachmittags Schmerz in der rechten Schulter, sodann Frost von einer Stunde Dauer, 6 Uhr Abends T. 39,2; 9 Uhr Abends 39,2. $9^1/_2$ Uhr geringer Frost. Schweiss bis Mitternacht. — 1 Uhr Nachts Erbrechen galliger Massen, $4^1/_2$ Uhr Morgens dasselbe Erbrechen. — Stuhlgang entschieden gefärbt, Stirn und Hände heller. —

24. April: T. 39,1 Morgens 8 Uhr, Pulse 96. — Leber in toto vergrössert, drei Zoll in der Mammillarlinie überragend den Rippenbogen, glatt, wenig empfindlich. — Milz-Dämpfung von der 7. Rippe abwärts. T. 38,3 Abends. —

25. April: $7^1/_2$ Uhr M. T. 37. Milz unverändert, Leber äusserer Theil des rechten Lappens nicht, der übrige Theil abgenommen, in der Mammillarlinie 2 Zoll den Rand der kurzen Rippen überragend. Nachts Schlaf, Urin noch Gallenfarbstoff enthaltend, Icterus an den Händen und im Gesicht abgenommen. — 7 Uhr Abends T. 37,2. —

26. April: $7^1/_2$ Uhr M. T. 36,1; Abends T. 37,3. —

27. April: Morgens T. 36,2. — Milz bis zur 8. Rippe hinaufsteigend, Leber $1^1/_2$ Zoll in der Mammillarlinie die kurzen Rippen überragend. — Urin fast normal, Icterus erheblich abgenommen. Appetit und Schlaf wie immer, gut. — Abends T. 37,2. —

28. April: Morgens T. 36,1; Abends T. 37,2.

29. April: Morgens T. 36,2. Leber und Milz unverändert. Abends T. 37,4.

30. April: Morgens T. 36,2; Abends T. 37.

1. Mai: Morgens 36,3 Temperatur. — 4 Uhr Nachmittag Schmerz

in der rechten Schulter, gleich darauf Frost von der Dauer von nur etwa fünfzehn Minuten, weil sofort Sauerstoffgas inhalirt wurde, sodann Schlaf, Hitze mit blaurothen Wangen. — Abends $7\frac{1}{2}$ Uhr T. 40,1. — $9\frac{1}{2}$ Uhr T. 40,2. — Erst um 4 Uhr Morgens des 2. Mai mässiger Schweiss; von Beginn des Anfalls bis zu dieser Zeit: 6 Mal galliges Erbrechen, zwei gute normal gefärbte faecale Entleerungen, 6 Flaschen concentrirtes Ozonwasser verbraucht. — *Leber und Milz schon während des Anfalls normal.*

2. *Mai*: Morgens 38,2 T. Abends $7\frac{1}{4}$ Uhr 36,2 T.

3. *Mai*: Morgens 36,1; Abends 37,1.

4. *Mai*: M. 37; Abends 37,4.

5. *Mai*: M. 37; Abends 37,1.

6. *Mai*: M. 36,4. Pat. darf aufstehen und vermag *mit geringer Unterstützung* auf- und abzugehen. — Ab. 37,4.

7. *Mai*: M. 36,3; Ab. 38,4.

8. *Mai*: M. 36,2. *Die Wangen röthen sich auffällig.* Abends 38.

9. *Mai*: M. 36,3; Abends 38.

10. *Mai*: M. 36,1; Abends 38.

11. *Mai*: M. 36,1; Abends 38,1 $7\frac{1}{2}$ Uhr. — Nach Inhalation von Sauerstoff 37,3 um $8\frac{3}{4}$ Uhr.

12. *Mai*: M. 36,1; Abends 37,4 um $6\frac{1}{4}$ Uhr. Nach Inhalation von $1\frac{1}{2}$ Kubikfuss Sauerstoff um 9 Uhr: 37,2.

13. *Mai*: M. 36; Abends um $7\frac{1}{2}$ Uhr 37,4. Nach Inhalation des Gases um $9\frac{1}{4}$ Uhr: T. 37,1.

14. *Mai*: M. 36,1; Abends 37 um 8 Uhr; nach der Inhalation 37 um $9\frac{1}{2}$ Uhr.

15. *Mai*: M. 36,1 $7\frac{1}{2}$ Uhr. — Inhalation. 36,3 um $9\frac{1}{2}$ Uhr. — Abends 37,2 um $8\frac{1}{4}$ Uhr. Inhalation 37,2 um $9\frac{3}{4}$ Uhr.

16. *Mai*: M. 35,4. *Die Ausleerungen werden gallig und bleiben es bis zum* 28. Mai. — Ab. 37 um $7\frac{3}{4}$ Uhr. Inhalation. — 37 um $9\frac{3}{4}$ Uhr.

17. *Mai*: M. 36,2; Ab. 37,1 um $8\frac{1}{2}$ Uhr. Inhalation. 37,1 um 10 Uhr.

18. *Mai*: M. 36 um $7\frac{1}{2}$ Uhr; Inhalation. 37 um 9 Uhr. — Ab. 37,1 um $8\frac{1}{4}$ Uhr, 37 um 10 Uhr.

19. *Mai*: M. 36 um $7\frac{1}{2}$ Uhr, 36,2 um $9\frac{1}{4}$ Uhr nach der Inhalation. — Täglich bis zum 24. Mai $\frac{1}{8}$ Flasche Friedrichshaller Bitterwasser. Ab. 37,1 um 8 Uhr. Inhalation 37,1 um 10 Uhr.

20. *Mai*: M. 36,3 um $7\frac{1}{2}$ Uhr; Inhalation, 36,4 um $9\frac{1}{2}$ Uhr. — *Pat. darf ausfahren.* — Abends 37,2 um 8 Uhr. Inhalation. 37 um $9\frac{1}{4}$ Uhr.

21. *Mai*: M. 36,1 um $7\frac{1}{2}$ Uhr. Inhalation von 2 Kubikfuss. 36,1 um $9\frac{1}{2}$ Uhr. — Abends 36,4 um 9 Uhr. Inhalation von 2 Kubikfuss. 36,4 um 10 Uhr.

22. Mai. M. 36,1 um $7\frac{1}{2}$ Uhr. 2 Kubikfuss inhalirt. 36,4 um $9\frac{1}{2}$ Uhr. — Ab. 37,2 um $7\frac{3}{4}$ Uhr, Inhalation von 2 Kubikfuss, 37,1 um $8\frac{1}{4}$ Uhr.

23. Mai: M. 35,2 um $7\frac{1}{2}$ Uhr. Inhalation von 2 Kubikfuss, 37,1 um 9 Uhr. — Ab. 37,1 um $7\frac{1}{2}$ Uhr.

24. Mai: M. 36,2 um $7\frac{1}{2}$ Uhr. Abends 37,1 um 9 Uhr; nach Inhalation von 2 Kubikfuss 37°. Vom 24. Mai bis 6. Juni ein um den andern Tag $\frac{1}{3}$ Flasche Bitterwasser.

25. Mai: M. $7\frac{3}{4}$ Uhr T. 36,1. — Ab. 37.

26. Mai: M. 36,1; Ab. 37. — Die Sauerstoffinhalationen schliessen mit diesem Tage ab. — Pat. hat eine Fusspromenade von $1\frac{1}{2}$ Stunde Dauer gemacht. —

27. Mai: M. 36,1; Ab. 37.

28. Mai: M. 36; Ab. 36,4. — Die faecalen Entleerungen, bis dahin gallig, hören auf, grünliche Farbe zu haben.

29. Mai: M. 35,4. — Schlaf und Appetit waren vorhanden, nur nicht Appetit auf Fleisch, während die Faeces thonfarben waren. — Im Durchschnitt sind täglich 8 Kubikfuss Gas verbraucht worden; die ersten beiden Tage ist durch concentrirtes Ozonwasser, später durch Chamillenthee, die letzten 14 Tage wieder durch concentrirtes Ozonwasser inhalirt worden. In den Stunden der Gefahr, wo es galt, einen bestehenden Anfall von Entzündung oder Fieber zu beseitigen, ist relativ viel, — nach beseitigter Gefahr, wo es galt, neue Anfälle von Collapsus, von Entzündungen, von Fieber zu verhüten, ist relativ wenig sowohl vom Wasser, als vom Gase verbraucht worden. Das Gas wurde aus kupfernen Cylindern, welche über 8 Kubikfuss Sauerstoff enthielten, je nach Bedürfniss in einen der von mir eingeführten, nur der Inhalation dienenden Cautschuck-Ballons geleitet. —

Im Ganzen sind: 204 Flaschen concentrirten Ozonwassers und 309 Kubikfuss Sauerstoff verbraucht. —

Pleuritische Exsudate, wesentlich durch Sauerstoff und electrischen Sauerstoff behandelt.

N. v. X., Primaner, $18^1/_2$ Jahr alt, erkrankte in einer Gymnasialstadt Y. am 15. März d. J. mit Frost und Kopfschmerz. — 16. März: Wohlbefinden. — 19. März bis 27. März: Aufenthalt im Bette und an Bronchialcatarrh in Behandlung. — 28. März: Husten noch vorhanden, — auf einem Spaziergange treten eine halbe Stunde hindurch stechende Schmerzen in der rechten Seite auf. — 29. März: bei Bewegungen kurzathmig. — Unter Husten und Athemnoth bei Anstrengungen werden die Ferien vom 1. bis 20. April in Magdeburg ohne Cur zugebracht. Die Eltern finden die Gesprächigkeit, Morgens die Blässe, Abends die Wangenröthe des Patienten auffällig. —

18. April: kein Husten mehr. — 20. April: Eine Untersuchung in Magdeburg constatirt hinten rechts eine Dämpfung, welche nach ärztlichem Ausspruch „die Abreise, den Besuch des Classenunterrichts in Y. zulässt, nur eine Schonung vor Erkältung fordert."

23. April: in Y. angekommen: Wiederkehr des Hustens und Abends Fieber.

30. April: Patient bleibt im Bette liegen bis zum 9. Mai. —

4. Mai: der Brief des Arztes meldet den Eltern, dass Patient wegen Abmagerung, Blässe, Kurzathmigkeit, Husten, abendlichen Fiebers und doppelseitigen Catarrhes der Lungenspitzen ein Semester in guter Luft sich erholen müsse, eine hinten rechts befindliche auffällige Dämpfung sei ohne Bedeutung und auf die Musculatur zu beziehen. —

9. Mai: Abreise nach Magdeburg und Aufenthalt bei den Eltern bis zum 17. Mai. —

17.—21. Mai: Aufenthalt auf dem Lande: Nachlass der Mattigkeit und Athemnoth, besseres Aussehen; — jedoch ist der leichte Wechsel der Gesichtsfarbe, der beschleunigte Puls, die Athemnoth bei Bewegungen, die Gesprächigkeit des Patienten der Umgebung auffällig.

22. Mai: Reise nach Berlin behufs Consultirung darüber, wie weit Patient an den Lungen erkrankt und ob Goerbersdorf — auf Grund der Wochenschrift: Daheim (die Behandlung der Lungenschwind-

sucht durch das Höhenklima von Dr. H. Hecker, IX. Jahrgang, 11. Heft) — oder ein anderer Curort zu rathen ist? —

22. Mai Abends ½7 Uhr: Die Untersuchung ergab:

Dämpfung des Percussionsschalles vorn rechts bis zur 4. statt bis zur 6. Rippe, — in der rechten Seitenwand bis zur 5. statt bis zur 7. resp. 8. Rippe, —

hinten rechts Dämpfung in der Höhe der Mitte des Schulterblattes beginnend, fremitus pectoralis fehlt. — Pulse (durch Kohlensäureretention) hart, im Sitzen 108. — Lungen frei. Weder Schmerzen, noch trockner kurzer Husten bei tiefer Inspiration, noch Empfindlichkeit der Intercostalräume auf mässigen Druck war zu constatiren. Haut bei Tage, bei Nacht, auch bei mässiger Bewegung bisher immer trocken. Die Athemnoth hat nach und nach zugenommen. Patient ist sehr bleich.

Diagnose: rechtsseitiges pleuritisches Exsudat bei noch bestehender Pleuritis dextra. —

Verordnung: ruhige Lage im Bette, bis der Wille des Vaters eintrifft, ob Patient in Magdeburg oder in Berlin behandelt werden soll. — Schleimsuppen und Milch als Nahrung.

23. Mai: Der Vater, Oberforstmeister von X. telegraphirt, dass Patient in Berlin bleiben soll. Temperatur 37,1° C. Morgens. — Concentrirtes Ozonwasser ist soviel zu trinken, als ohne Widerwillen möglich ist. — ¾11 Uhr Morgens: Eine Flasche concentrirten Ozonwassers ist verbraucht, Pulse 96, weniger gespannt und grösser, wie gestern; Resp. 24, Urin goldgelb, nicht sedimentirend, reichlich; gelinder Schweiss der bisher stets trocknen Haut. Abends 37,4° T.

24. Mai: ½8 Uhr Morgens 37,1° C. — 10 Uhr Morgens: Pulse 96, weich; Schweiss; Percussionsschall vorn rechts von der 3. Rippe, intensiv von der 4. Rippe, in der rechten Seitenwand von der 4. Rippe, hinten rechts sechs Zoll hoch Percussionsschall gedämpft, also Zunahme des Exsudates seit dem 22. Mai. — Nachts vom 23/24. Mai von 12—3 Uhr Schweiss. — Von 8—11 Uhr Morgens und von 12—3 Uhr Mittags des 24. Mai: Schweiss. — Nach Aufhören des Schweisses bis zum Abend so tiefer Schlaf, dass die Umgebung eine Verschlimmerung der Krankheit annimmt. — 8 Uhr Abends: 37,6° T. — Urin hellgelb, reichlich. — Verordnung: Inhalation aus einfachem Ozonwasser eine Stunde pro Tag und Trinken concentrirten Wassers. —

25. Mai: 8 Uhr Morgens 36,8 T., Resp. 16, Pulse 88. — Von 9 Uhr Abends des 24. bis Morgens des 25. starker Schweiss. — Vorn rechts, in der rechten Seitenwand Abnahme der Intensität

der Dämpfung; hinten rechts Dämpfung 5 Zoll hoch. — 2—4 Uhr Nachmittags Schweiss. — Abends $8\frac{1}{2}$ Uhr: 37,7 T. —

26. Mai: $8\frac{1}{2}$ Uhr Morgens 37° T., 84 Pulse, Resp. 16. — Dämpfung hinten 4 Zoll hoch. — Von $\frac{1}{2}9$ Uhr Abends des 25. und die Nacht hindurch Schweiss. — Patient trinkt täglich $2\frac{1}{2}$—3 Flaschen concentrirtes Ozonwasser. — Von 3—4 Uhr Nachmittags Schweiss. — 8 Uhr Abends: 37,7° T.

27. Mai: $8\frac{1}{2}$ Uhr Morgens 37,3° T., Pulse 84, Resp. 16. — Urin hellgelb, reichlich, nie sedimentirend. — Schweiss. — Von $\frac{1}{2}9$ Uhr Abends des 26. bis Morgens des 27. profuser Schweiss. — Drei Stunden inhalirt. — Abends 8 Uhr 37,8 T. — In der Nacht vom 27/28. Mai nach dreistündlicher Inhalation am 27. eine mit ruhelosen Umherwerfen verbundene ungewöhnliche Schlaflosigkeit. Es soll nur $1\frac{1}{2}$ Stunden inhalirt werden. —

28. Mai: $8\frac{1}{2}$ Uhr Morgens 37,2° T. — $12\frac{1}{2}$ Uhr: Pulse 86, Urin röthlich-gelb. — Resp. 12—14. — Nacht zur Hälfte gewacht. — 3 Flaschen gestern getrunken, in Summa von Beginn der Cur 12. Mässige Dämpfung vorn rechts von der vierten, in der rechten Seitenwand von der fünften Rippe. — $8\frac{1}{2}$ Uhr Abends: 37,15 T. — Von $2\frac{3}{4}$ bis 8 Uhr Abends Schweiss und Schlaf. Pulse 72. —

29. Mai: 8 Uhr Morgens 37,3 T., Pnlse 84. — Nachts: Schlaf, doch kein Schweiss; Urin gelb und reichlich. — Hände kühl und feucht. — Abends $7\frac{1}{2}$ Uhr: 37,5°.

30. Mai: $8\frac{1}{2}$ Uhr Morgens 37,1°. — 10 Uhr Morgens Pulse 80. Abends 7 Uhr: 37,5° T.

31. Mai: 8 Uhr Morgens 37° T., Resp. 12—14. — 11 Uhr Morgens Pulse 72, aussetzend, sehr ungleich, gross und mässig gespannt. Urin hellgelb, reichlich, kein Schweiss. — Percussionsschall hinten rechts: $2\frac{1}{2}$ Zoll absolute Dämpfung mit Mangel des Fremitus pectoralis, 2 Zoll relative Dämpfung. — Abends 7 Uhr: 37,6° T., $8\frac{1}{2}$ Uhr 37,4°. — Wegen der zu starken Erregung des Vagus soll weniger inhalirt und getrunken werden. —

1. Juni: 8 Uhr Morgens 37,25° T. — 11 Uhr Morgens: hinten rechts $3\frac{1}{2}$ Zoll relative Dämpfung, 1 Zoll absolute Dämpfung. — Pulse 72, gleich gross und weniger aussetzend, wie gestern. — Abends 8 Uhr: 37,7 T. 9 Uhr: 37,4 T. — Appetit immer sehr stark, Defaecation stets regelmässig.

2. Juni: 8 Uhr Morgens 37,2. Der Kranke erhält vom heutigen Tage an Reis, Quetschkartoffeln, Gemüse, Bouillon. — 9 Uhr Abends 37,5. In den Nächten des 1. und 2. Juni Schweiss. — Patient inhalirt Sauerstoff durch Ozonwasser und nicht mehr atmosphärische Luft. —

3. Juni: 8 Uhr Morgens 37,05. — $9\frac{1}{4}$ Uhr Abends 37,5.

4. Juni: $7\frac{1}{2}$ Uhr Morgens 37°. — 11 Uhr Morgens: Pulse

72, gross, mässig gespannt, regelmässig; Urin hellgelb, reichlich. — In den letzten drei Nächten und Abenden Schweiss. — 9 Uhr Abends: 37,5. —

5. Juni: Morgens 8 Uhr 37,1° T.

6. Juni: Morgens 8 Uhr 37,2° T. — Temperaturmessungen finden nicht mehr statt. — Patient darf aufstehen und von jetzt an Mittags etwas Fleisch essen. —

12. Juni: Der Spirometer ergiebt eine Lungencapacität von 2800 Cubikcentimeter. — Vorn rechts schwache Dämpfung von der 5. bis zur 6. Rippe, und in der rechten Seitenwand von der 6. bis zur 7. Rippe. — Hinten rechts von der 9. bis 10. mässige, von der 10—11. absolute Dämpfung. — Der Kranke darf spazieren gehen. —

18. Juni: Vorn rechts und in der rechten Seitenwand normaler Percussionsschall, hinten rechts von der 9. bis 11. Rippe nur relative Dämpfung und sehr deutlicher Fremitus pectoralis.

20. Juni: Der Spirometer ergiebt 3000 Cubiccentimeter Lungencapacität; Patient kann ohne Athemnoth Treppen steigen, sieht weniger bleich aus; hinten rechts von 9. bis 11. Rippe noch schwache Dämpfung. Patient wird in den Harz nach Wernigerode gesandt, soll Ozonwasser nicht mehr trinken, sondern aus demselben nur noch inhaliren und soll sich in 4 Wochen etwa wieder vorstellen. — Patient, welcher vom 23. Mai bis 18. Juni d. J. 55 Flaschen concentrirten Ozonwassers getrunken, das Gas von 12 Flaschen einfachen Ozonwassers rein und — in den letzten 10 Curtagen — mit 36 Cubicfuss Sauerstoff inhalirt hat, lässt am 12. Juli mittheilen, dass er in Ruhe und bei mässigen Körperanstrengungen das volle Gefühl der Gesundheit habe. —

Von zwei anderen Kranken mit altem pleuritischem Exsudat, welche in der Gesellschaft für Heilkunde vorgestellt worden sind, wird die deutsche Klinik, welche die Protocolle der Gesellschaft mittheilt, Näheres berichten. Der eine Kranke, der Lehrer Sch., hatte am 26. Juni d. J. eine Capacität der Lungen von 3200 Cubiccentimeter, hat also allein durch Inhaliren aus Ozonwasser 200 Cubiccentimeter Capacität gewonnen und seine Beschwerden verloren. Der zweite Kranke, Scherwuhn, Portier im Herrenhause, hatte nach seiner Vorstellung in der Gesellschaft für Heilkunde jedes Gebot (Lage im Bette, Diät) ausser Acht gelassen und einen sehr starken Rückfall in Entzündung, Fieber, Erguss erfahren. Trotz gleichzeitig bestehenden chronischen Branchialcatarrhes mit Lungenemphysem (vorn rechts Percussionsschall hell bis zur 7. Rippe, in der rechten Seitenwand bis zur 9. Rippe, hinten rechts bis zur 12. Rippe) war er am 23. Juni so weit hergestellt (Wohlgefühl, gutes Aussehen, sehr schwache Dämpfung bis zur Höhe des unteren Winkels der Scapula hinten links, und bis zur 6. Rippe in der linken Seitenwand), dass er seinen Dienst wieder aufgenommen hat, ihm ist für 57 Thaler Ozonwasser geliefert worden, er setzt den Gebrauch desselben während seines Dienstes fort. —

Ein vierter Fall ist dieser: Ein im Februar d. J. aus dem Dienst geschiedener höherer Officier, 44 Jahr alt, gross und kräftig gebaut, wird Mitte November 1872 von Mattigkeit, von einem Gefühle schmerzhaften Drückens in der linken Seite und von Pulsbeschleunigung befallen. Seit Weihnachten Zunahme der oben erwähnten Erscheinungen, zu welchen sich Schmerzen im linken Arme, welche bis in die Fingerspitzen ausstrahlen, grosse geistige Erregung, Angstanfälle zumal in der Nacht (gegen welche grosse Massen Selterserwasser getrunken werden) gesellen. — Das Leiden wird für geistige Exaltation in Folge der erschöpfenden Strapazen des Feldzuges in Frankreich gehalten. Bis zum 11. Januar d. J. ist Patient geritten. Seit Mitte Januar vermochte Patient nicht mehr auf der linken Seite zu liegen. Im Februar zwangen ihn Fieberanfälle, sich hie und da zu Hause zu halten. Anfang Maerz schmerzhafte und auch sichtbare Schwellung der vorderen linken Brustwand, zumal in der linken Herzgegend und in der Höhe derselben, fast gleichzeitig trat ein gross pustulöser Ausschlag an der oberen Körperhälfte zumal am Kopfe auf. Der Kranke ist nie zur strengen Cur, sondern nur bewogen worden, wegen seines erschöpften Nervensystems Genesung in dauerndem Freisein von Geschäften zu suchen. — Am 25. Juni constatirte ich grosse geistige Erregung, bleiche Gesichtsfarbe, Dämpfung des Percussionsschalles in der linken Seitenwand bis zur sechsten Rippe, hinten links bis zur 9. Rippe, fremitus pectoralis im Bereiche der Dämpfung kaum zu constatiren, also ein pleuritisches Exsudat. Die linke Seitenwand, zumal die vordere linke Brustwand, soweit sie dem unteren Theile des pectoralis major entspricht, ist auf Druck etwas empfindlich, lässt zahlreiche nicht zählbare geschwollene Lymphdrüsen von der Grösse einer Erbse wahrnehmen und ist auch im Ganzen voluminöser, als der entsprechende Theil der Brustwand der rechten Seite. Auch an der linken Seite des Halses liessen sich Schwellungen zahlreicher Lymphdrüsen wahrnehmen. — Offenbar war das abgesackte pleuritische Exsudat die Ursache der Lymphdrüsenschwellung und (da der Kranke nie durch Lues inficirt gewesen ist, auch an Scrophulose niemals gelitten hat) auch des pustulösen Ausschlages. Am 16. Juli, nachdem Patient seit dem 26. Juni d. J. auf Verordnung im Bette oder auf dem Sopha verbracht, des Fleisches sich enthalten und 50 Flaschen starken, 25 Flaschen einfachen Ozonwassers, und seit dem 8. Juli 24 Kubikfuss Gas verbraucht hat, ist Patient von seinem Exsudat und seinem Ausschlage völlig frei, vermag seit dem 8. Juli d. J. auf der linken Seite zu liegen und hat auch keine sichtbare Schwellung der linken Brustwand mehr, ebenso sind die Schmerzen im Arme, die Angstanfälle beseitigt und das

Athmen ist völlig frei. Die Capacität der Lungen ist am 18. Juli 3800 Cubikcentimeter nach dem Spirometer. Die Knötchen der geschwollenen Lymphdrüsen sind noch zu fühlen, auch treten in der Herzgegend, wenn auch in schwachem Grade, noch Schmerzen auf; gegen diese restirende Affection werden zeitweise Schröpfköpfe und Collodium cantharidat. zur Anwendung gebracht. Patient ist ruhigen Gemüthes, hat Freude an geistiger Arbeit und sieht wohl aus.

Fünfter Fall: Die 4jährige Tochter eines Professors unserer Universität hatte am 6. Juli d. J. Frost, der Nacht vom 6./7. Juli Hitze mit Erbrechen; am 7. wurde sie bettlägerig, am 10. treten Schmerzen im Rückentheile der Brust so heftig auf, dass sie weint und nach dem schmerzenden Theile öfter greift. In der Nacht vom 10/11. sehr unruhig, stöhnt laut; am 11. kurze Athmung, am 12. öfter trockene Hitze und Zunahme der Athemnoth. Patientin hatte im vorigen Winter lange Bronchialcatarrh und in der letzten Hälfte des Juni d. J. in Berlin eine intermittens quotidiana gehabt; sie hielt sich in dem von Berlin sechs Meilen entfernten Buckow auf. — Am 13. sah ich die Kranke zuerst, hinten links bis zur 9. Rippe war der Percussionsschall gedämpft, das Athmungsgeräusch und der fremitus pectoralis, soweit es sich constatiren liess, fehlend, kurzer, trockener Husten, der schon seit Beginn der Krankheit besteht, Pulse 110, Temperatur Abends 37,1.

Verordnung vom 13. an: ruhige Lage im Bette, kein Fleisch, concentrirtes Ozonwasser, welches die Kleine gern trinkt.

14. Juli Morgens 36,5, Abends 37,4; wenig Husten. Nacht 14/15. Schlaf bis $12\frac{1}{2}$ Uhr, dann $\frac{1}{2}$ Stunde sehr unruhig.

15. Juli Morgens 36,8, Abends 37,3.
16. Juli Morgens 36,7, Abends 37.
17. Juli Morgeus 36,6, Abends 37.
18. Juli Morgens 36,5, Abends 37,2.
20. Juli Morgens 36,5. —

Seit dem 16. Juli ist weder kurzer Athem, noch trockner kurzer Husten mehr bemerkt worden, auch Schmerzen sind nicht mehr aufgetreten. — Bereits am 17 Juli wollte die Patientin durchaus aufstehen. Am 20. Juli Mittags 12 Uhr sah ich sie in Buckow zum 2. Male, sie hatte 72 Pulse und nicht mehr die Spur einer Exsudation. Im Ganzen hatte sie 5 Flaschen concentrirten Ozonwassers getrunken. —

Der sechste Krankheitsfall war eine subacute peritonitis. Eine Engländerin, 22 Jahr alt, hatte seit 14 Tagen hie und da Schmerzen im Leibe mit Anfällen einer an Ohnmacht grenzenden Schwäche. Ruhiges Verhalten und Diät verhinderten nicht, dass am 9. Juli Frost, Erbrechen grünlicher Massen, Schmerzen im Unterleibe spontan und auf Druck zumal in der regio hypogastrica auftraten. Am 10. Juli war keine Faecalansammlung, nur leichter Meteorismus zu constatiren. Verordnung: warme Cataplasmen, concentrirtes Ozonwasser zum Trinken;

natr. phosphoricum 15,0 auf 180,0 Aq. destill. In der Nacht starker Schweiss der bis dahin trocknen Haut.

10. Juli 8½ Uhr Morgens 38. — ½ 11 Uhr Abends T. 38,6. Pulse 100. Erbrechen.

11. Juli: Morgens T. 38,1. — In der Nacht Schweiss. 11 Uhr Mittags Pulse 72. — Abends T. 38,4. In der Nacht Schweiss. —

12. Juli: Morgens 36,8. 11 Uhr Mittags: 60 Pulse. —

13. Juli: Morgens 36,8. Abends 36,8. In der Nacht 13/14 von 2 bis 7 Uhr Schlaf. —

14. Juli: Morgens 36,3. Abends 6½ Uhr 60 Pulse. —

Die Lösung von natrum phosphoricum ist zwei Mal wiederholt worden, — sie hatte einige halbflüssige Entleerungen zur Folge. — Cataplasmen und natr. phosphoricum wurden ausgesetzt, die Schmerzen hatten abgenommen, als das Fieber aufhörte. Am 20. Juli völlige Herstellung, auch der Kräfte und des Aussehens (nachdem 20 Flaschen concentrirtes Ozonwassers getrunken worden waren), so dass Pat. ohne Schmerzen spazieren geht.

Die vorstehenden Krankengeschichten — einschliesslich des Flecktyphus — sollen weitere Belege sein für die von der Deutschen Klinik 1872 gebrachten Artikel: Zum Wesen und zur Behandlung des Fiebers (und der Exsudationen) (No. 3. p. 21; No. 37 p. 341; No. 58 p. 349). Ich verweise auf die in dieser Arbeit stattgehabte Besprechung des Aderlasses. Gerolamo Tempini (del valore terapeutica del salasso. Gaz. med. italiana-lombardia 1872 No. 7, 8, 10, 11, 12) will häufigere Anwendung des Aderlasses zumal gegen Lungenentzündung; ebenso hält Harvey Bird (Blood-letting in disease philad. med. and surg. reporter. 13. Jan. 1872. p. 25) auch in der jetzigen Zeit den Aderlass ebenso nothwendig, wie in früheren Zeiten, in allen Fällen mit vollem, gespanntem, schnellem Pulse. Wenn die Härte des Pulses auf Kohlensäurevergiftung, seine Beschleunigung auf Vagusschwäche und auf der Reizung durch retinirte Kohlensäure und Wärme, und auch diese Retention auf Schwäche des centralen Nervensystemes beruht, so ist der Aderlass nicht allein durch die Empirie Professor Diet'ls, sondern auch durch die Erkenntniss nicht mehr haltbar. Wer, wie Tempini, in der Entzündung einen Excess der localen Ernährung, im Fieber einen Excess der allgemeinen Ernährung und der „vitalen" Functionen (der Herz- und Gefässthätigkeit, der Respiration und der Körpertemperatur) sieht, muss den Aderlass feiern. Wer jedoch im entzündeten Organe einen geschwächten, in seiner normalen Ernährung gestörten Körpertheil, im Fieber die Schwächung des electrischen Centralapparates in seiner Herrschaft über den calorischen und motorischen Apparat erkennt und Electricität und Nervenkraft für identisch hält, wird ausser Electricität diejenigen nutrientia zur Bekämpfung der einen und des anderen vermehrt zuführen wollen, welche die Integrität des

Nerven-, des Gefässapparates, aller thierischen Zellen wiederherstellen. Die andauernd grosse Schwäche des Körpers nach reichlichen Blutverlusten wird erklärt erstens durch den Verlust der Sauerstoff tragenden Blutscheiben und zweitens durch die im Laboratorium von Voit von Dr. Bauer angestellten Untersuchungen, nach welchen im Thierkörper nach Entziehungen von Blut eine nicht unbeträchtliche Zunahme der Eiweisszerstörung der Organe stattfindet; zur Erhaltung eines guten Körperzustandes ist jedoch unverhältnissmässig viel Eiweiss erforderlich (Sitzungsberichte der baierischen Academie 1871, Heft III, p. 254). — Diejenigen Chemiker, welche trotz des Carius'schen grossen Gutachtens glauben machen möchten, dass das Ozonwasser nur unterchlorige Säure enthalte, müssen auf die Wirkungen desselben hingewiesen werden. Nach Professor Richter in Dresden desinficirt es nicht allein, es macht auch Appetit und Schlaf. Küchenmeister sah einen durch Emphysem asthmatisch und wassersüchtig gewordenen alten Herrn mit hydropischen Ergüssen in den Pleurahöhlen auffällig sich bessern, ebenso einen wassersüchtigen Asthmatiker, der so schlechte Nächte hatte, dass er starke Dosen Chloralhydrat nahm, gebessert werden und ohne Chloralhydrat Schlaf finden durch dasselbe Präparat, aus dessen Wirkungen ich schliesse, dass es Sauerstoff und Electricität in den Körper führt, dass vorhandene Spuren von Chlorwasserstoffsäure oder unterchloriger Säure seine desinficirende Kraft erhöhen, jedoch nicht tonisirend, nicht resorbirend, nicht Kohlensäure austreibend, und wie die vorstehenden Krankengeschichten lehren, nie nachtheilig wirken können. —

Richters und Küchenmeisters erwähne ich, weil ein College jüngst sagte, bis jetzt habe sich kein hervorragender Arzt über die Wirkungen geäussert. — Ueber die im Ozonwasser auftretenden Spuren einer Chlorverbindung habe ich im November 1872 in der Deutschen Klinik bereits Mittheilung gemacht, sie sind keine Entdeckung des Herrn Prof. Rammelsberg. Im Julihefte 1873 der Berichte der Deutschen Chemischen Gesellschaft zu Berlin giebt Carius zu, das absolut reines Ozon auf chemischem Wege nicht darzustellen ist und richtet gegen Rammelsberg die Entgegnung (pag. 809): „dass das von mir vor etwa Jahresfrist geprüfte käufliche sog. Ozonwasser keine irgend erheblichen Mengen Chlor, unterchloriger oder chloriger Säure enthielt, folgt wohl sicher daraus, dass darin untergetauchtes Blattsilber nicht verändert wurde und keine erkennbare saure Reaction vorhanden war (mit Ausnahme eines Falles); auch gab salpetersaures Silber nur ein ganz unerhebliches Opalisiren der Flüssigkeit, so dass ich, da sich zugleich geringe Spuren von Calcium, Natrium, Schwefelsäure vorfanden, dasselbe aus einer zufälligen unwesentlichen Verunreinigung erklären konnte." — Carius hat im März und im Juni 1872 untersucht. Nächstens werden wir wohl ein electrisch bereitetes, und daher absolut reines Ozonwasser haben, jedoch ich weiss, es wird ein Präparat werden, das zu kostbar ist, um reichlich verordnet werden zu können. —

Das Fundament jeder Sauerstoffcur, dass das Blut durch Athmung in atmosphärischer Luft nicht mit Sauerstoff gesättigt wird, ist durch Gréhant, — meine Ansicht, dass die Gebirgsluft stärkt trotz ihres schwächenden Momentes: der vorhandenen Verdünnung des Sauerstoffs („das atmosphärische Ozon" Seite 38), ist durch Berth, — mein Schluss, dass die Oxydationen in unsern Körper nur durch den electrischen Sauerstoff zu Stande kommen („das atmosphärische Ozon" Seite 37), ist durch Binz bestätigt worden. —

Wie sind nun die in den vorstehenden Krankengeschichten gemachten Beobachtungen zu deuten?

Gréhant (Recherches comparatives sur l'absorption des gaz par le sang. Comp. rend. LXXV. p. 495) bestimmte zuerst im Carotidenblute eines Hundes den Gehalt an Sauerstoff, liess das Thier dann ein Liter Sauerstoff athmen, entnahm eine neue Portion Carotidenblut und bestimmte den Sauerstoffgehalt, nahm endlich eine dritte Portion, schüttelte sie mit reinem Sauerstoff und bestimmte wieder den Sauerstoffgehalt. In der ersten Bestimmung fand er 16,3, in der zweiten 23,3, in der dritten 26,8 Vol. Proc. Sauerstoff bei 0° und 760mm. Druck. — Er glaubt hiernach, — was, wie früher erwähnt wurde, auch von Preyer bereits bewiesen worden ist, — dass das arterielle Blut beim Athmen von atmosphärischer Luft nicht vollständig mit Sauerstoff gesättigt wird. Diesen Schluss wird Jeder machen müssen, welcher der Inhalation von reinem Sauerstoffgas unmittelbar Pulsverlangsamung, Appetit, Schlaf u. s. w. folgen sieht. — Allein die irrige Ansicht, dass der Athmende dieselbe Quantität Sauerstoff aufnimmt, mag er atmosphärische Luft oder reines Sauerstoffgas einathmen, ist noch so überwiegend, dass sie als einer der Widerstände, welchen die Anwendung des Sauerstoffs begegnet, bezeichnet werden muss. —

Dass Fische in hohen Bergseen aus Sauerstoffmangel nicht existiren können, ist bekannt. Gréhant (Recherches sur la respiration des poissons. Compt. rend. LXXIV. p. 62) findet, dass Schleie in einem abgeschlossenen Volumen Seinewasser den absorbirten Sauerstoff des Wassers vollständig verbrauchen und die entsprechende Menge Kohlensäure ausathmen. — Ein Karpfen, welcher in einer Mischung Ochsenblut und Wasser lebte, verbrauchte mehr Sauerstoff und producirte mehr Kohlensäure, als dem Wasser allein entsprach, es wurde nachweisbar dem Haemoglobin des Blutes Sauerstoff entzogen und nach Gr. entzieht der Foetus in derselben Weise dem mütterlichen Blute Sauerstoff. —

Dass die Bergsteiger in grösseren Höhen raschere Pulse, beschleunigte Athmung, grössere Müdigkeit erfahren, ist bekannt. Biot und Gay-Lussac haben durch ihre Luftschifffahrten die mit zunehmender

Höhe zunehmenden Pulse constatirt, vor Allem hat der englische Physiker Glaisher in bis jetzt nie erreichten Höhen — nicht durch die Kälte, sondern durch die Verdünnung der Luft, resp. des atmosphärischen Sauerstoffs — Vergehen der Sinne, zunehmend schwerere Ohnmachten erfahren, so dass er erklärt, über 36,000 Fuss (?) sei menschliches Leben nicht mehr möglich. von Vivenot hat ferner in der pneumatischen Kammer die Zunahme der Pulse und der Athmung in verdünnter Luft, die Abnahme beider in verdichteter Luft bewiesen. — Rosenthal (Erregung der Respirationscentren, Berliner klinische Wochenschrift No. 19, S. 234) erhielt bei Injection von defibrinirtem Blut in das Arteriensystem durch die subclavia Apnoe, wenn das Blut mit Sauerstoff gesättigt war, — Athembewegungen bis zur Dyspnoe bei den bis dahin apnoischen Thieren mit der Injection von sauerstoffarmem Blute. Diese Beobachtungen liefern den Beweis, welch' grosser Quantitäten des Sauerstoffs zumal das centrale Nervensystem stetig bedarf, um sich in seiner Kraft erhalten zu können, dass zumal das verlängerte Mark, vor Allem die cardialen Fasern des vagus gegen ein plus und ein minus des zugeführten Sauerstoffs überaus empfindlich sind, dass der Sauerstoff ein Nährstoff ist, dessen Mangel sich sofort fühlbar macht, dass wir besondere Symptome des Sauerstoffhungers zu unterscheiden haben. —

Wie Athemfrequenz in der Höhenluft auf aus äusseren Gründen herbeigeführtem Sauerstoffhunger beruht, wie die Pulsbeschleunigung der Bergsteiger und Luftschiffer auf Sauerstoffhunger, auf durch Sauerstoffmangel verursachter Schwäche der cardialen Fasern des Herzhemmungsnerven beruht, so ist die Athemfrequenz im fieberhaften Zustande — als eine Folge nur innerer Vorgänge — auch eine Folge des grösseren Sauerstoffhungers der thierischen Zellen, und die Pulsfrequenz auch eine Folge der Atonie des vagus, wenn für beide Phänomene (Athem- und Pulsfrequenz) der Reiz der erhöhten Temperatur und der aufgehäuften Kohlensäure auch mit in Betracht kommt. — Wenn Lossen (Zeitschrift für Biologie 1869 Hft. 2. S. 253—256) voraussetzt, dass gesteigerte Ausgabe eine gesteigerte Production der Kohlensäure bedingt, so ist diese Voraussetzung mindestens für den Fiebernden unrichtig, dessen Wangenbläue durch Sauerstoffzufuhr verschwindet, während gleichzeitig die Temperatur sinken kann (Krankheitsgeschichte II, 13. u. 14. April, 1. u. 2. Mai). — Der Collapsus im zweiten Krankheitsfalle beruhte wesentlich auf einer plötzlichen Atonie des centralen Nervensystems, einen neuen Anfall von Collapsus zu verhüten, war die fernere Sauerstoffzufuhr eine Nothwendigkeit.

P. Bert (Recherches expérimentales sur l'influence que les changements dans la pression barométrique exercent sur les phénomènes de la vie. Compt. rend. LXXIV. p. 617 und LXXV. p. 29, 88, 491, 543.) findet, dass die Thiere in abgeschlossenen Räumen an Sauerstoffmangel zu Grunde gehen, wenn der Druck weniger, als eine Atmosphäre, beträgt und an Kohlensäurevergiftung, wenn der Kohlensäure-Druck in der Athemluft = $^1/_4$ Atmosphäre betrug. Bei allmäliger Luftverdünnung giebt ein Sperling bei 25 Cm. Druck Zeichen von Unwohlsein, bei 20 Ctm. Druck erhält er sich nicht mehr auf den Beinen, bei 18 Ctm. Druck verfällt er in Convulsionen. Der Tod wird, wenn der Quecksilberdruck noch mehr abnimmt, hervorgerufen „durch Mangel an einer den Erfordernissen des Thieres entsprechenden Sauerstoffmenge.“ Berth giebt den durchaus gerechtfertigten Rath, bei hohem Aufsteigen im Luftballon einen Ballon mit Sauerstoff gefüllt mitzunehmen, um aus diesem zu athmen. — Die Beschwerden beim Besteigen hoher Berge führt Bert mit vollem Rechte auf den zu geringen Sauerstoffgehalt des Blutes zurück. Er entnahm Hunden, die sich in verdünnter Luft befanden, Blut aus der carotis, entgaste es mit der Quecksilberluftpumpe, bestimmte die Gase und analysirte sie, verglich sie mit der Menge und Zusammensetzung der Gase, welche er in dem vor dem Experimente den Hunden entzogenen Blute gefunden hatte. Er kommt hierbei zu dem Resultate, dass von 20 Ctm. Quecksilberdruck unter einer Atmosphäre an, das Blut bei weiterer Abnahme des Luftdruckes weniger und weniger Sauerstoff enthält und dass auch der Gehalt von Kohlensäure abnimmt. Das Blut von Hunden, die sich in comprimirter Luft befanden, zeigt stets eine hellrothe Farbe, grössere Gerinnungsfähigkeit, als das denselben bei gewöhnlichem Luftdruck entzogene. Mit der Steigerung des Druckes steigt der Sauerstoffgehalt im Blute, jedoch nur um geringe Werthe, wie Bert feststellt, indem er den Druck von einer Atmosphäre auf 2, 3, 5, $5^1/_2$, 6, $6^3/_4$, 8, $9^1/_4$, 10 Atmosphären erhöht. —

Im zweiten Krankheitsfalle hörte die Diarrhoe, welche über 4 Wochen bestand, mit dem Gebrauche des concentrirten Ozonwassers sofort auf, wie in mehreren von mir beobachteten Fällen.

In demselben Krankheitsfalle wurde am 13. April die rapide Abnahme einer doppelseitigen, hinten rechts beiderseits bis zur achten Rippe hinaufreichenden Pneumonie beobachtet. Während am 13. Morgens T. 40,6, Resp. 48, Pulse 144 und starke Cyanose vorhanden waren, gabs am 14. April T. 38,8, Pulse 96, hinten rechts war die Dämpfung verschwunden, nur hinten links bis zur 10. Rippe noch vorhanden. — Einen ähnlichen raschen Erfolg auf Pneumonie durch starke Sauerstoffzufuhr habe ich öfter beobachtet und auch schon publicirt. — Die Deutung dieses Effectes glaubte ich bisher finden zu müssen nur in irgend einer Abhängigkeit auch der Capillaren von vasomotorischen Nerven; nach dieser Hypothese würde dem durch Sauerstoff rasch hergestellten Tonus der vasomotorischen Nerven die Herstellung des Gefässtonus innerhalb des Entzündungsbezirkes rasch folgen können. Cohnheim lehrt jedoch, dass die bei jeder Entzündung in gleicher Weise wiederkehrenden Vorgänge am Gefässapparat (die immer mit verhältnissmässiger Langsamkeit sich ausbildende

Fig. 1.

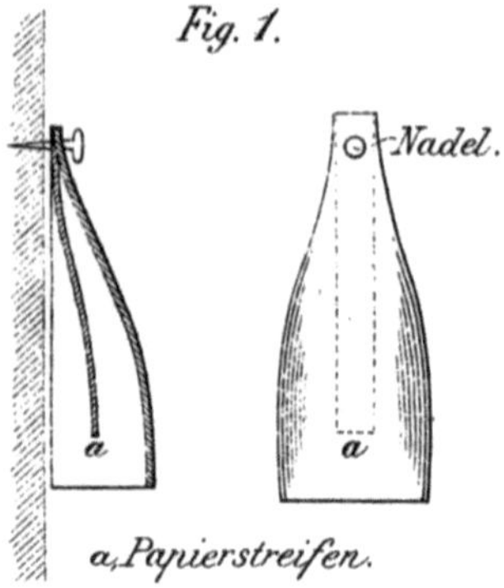

a, Papierstreifen.

Fig. 2.
Glasplatte.

a, Papierstreifen mit Gummi der Glasplatte angeheftet.

Fig. 3.

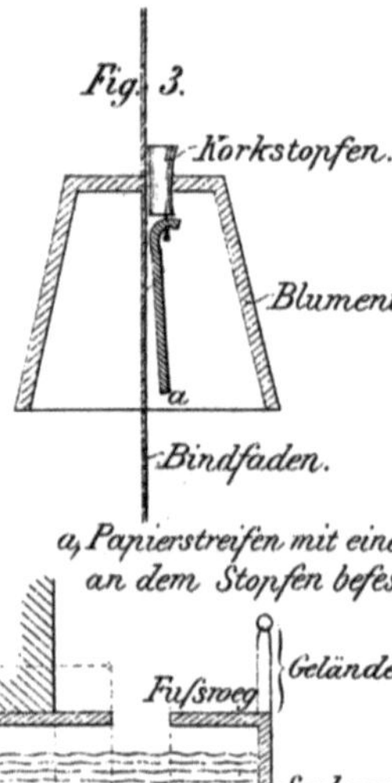

a, Papierstreifen mit einer Nadel an dem Stopfen befestigt.

Fig. 8.

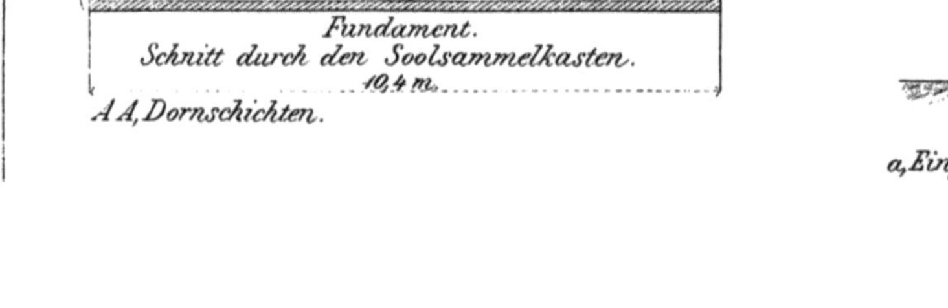

Schnitt durch den Soolsammelkasten.

A A, Dornschichten.

a, Eingang

Fig. 5.
Längenansicht.

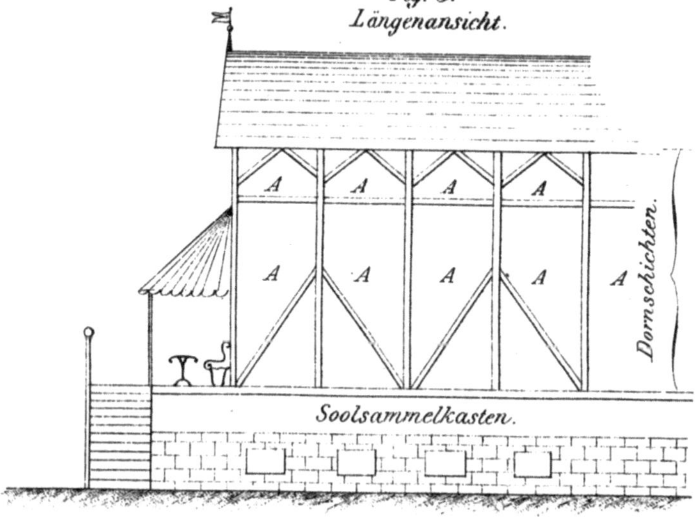

ig. 9.

rwerk № II.
ere der Dornschicht.

Trinkhalle.

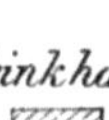

Fig. 10.
Grundriß des Curhauses.

Fig. 6.
Seitenansicht.

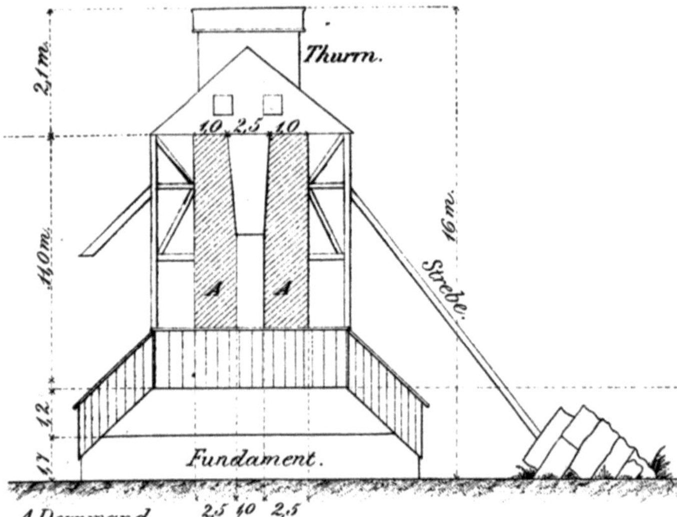

A, Dornwand.

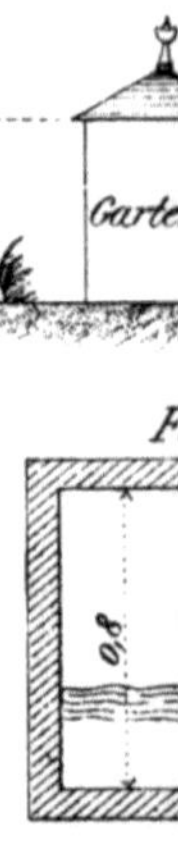

Fig. 11.
Glasplatte.

Fig. 7.
Grundriss.

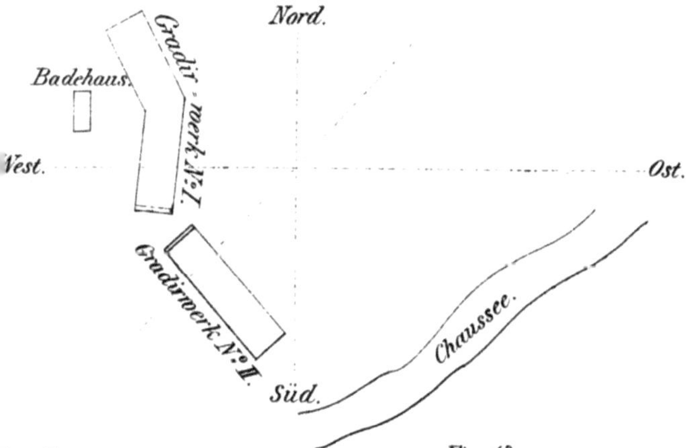

ig. 12.

Fig. 13.
Thurm der Bodenlaube.

Fig. 14.

Siedehaus.

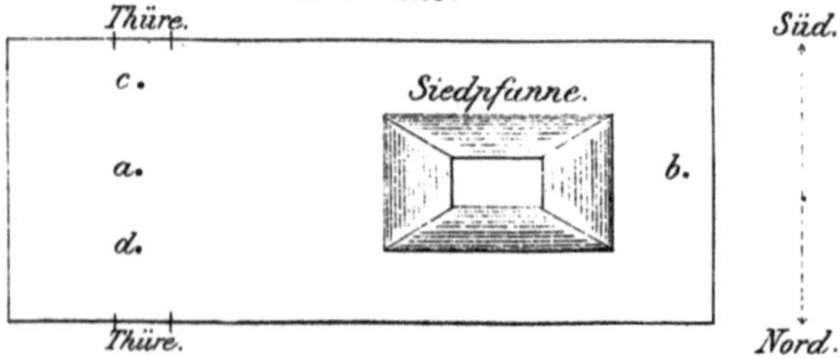

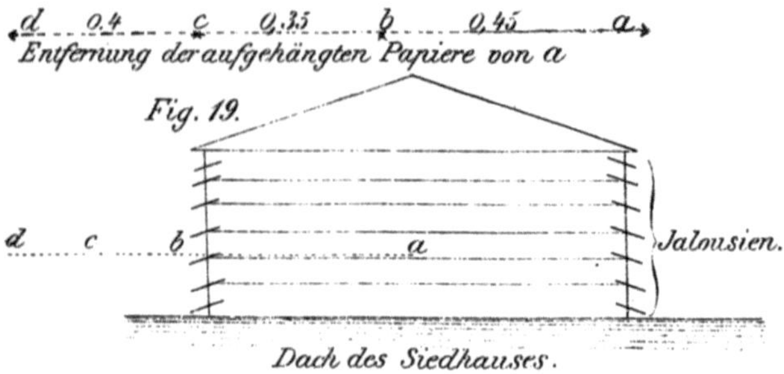

Fig. 24.

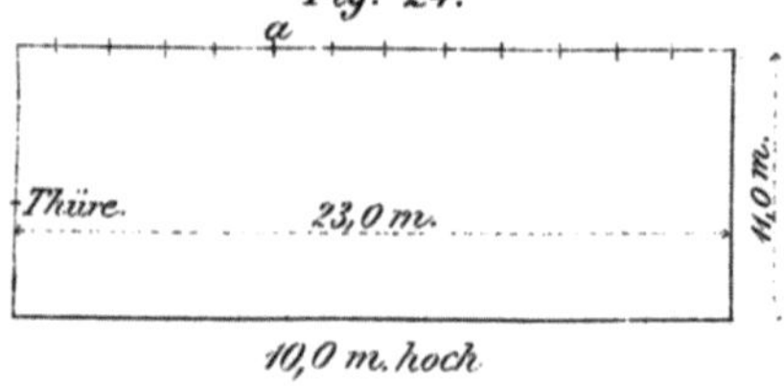

Fig. 31.

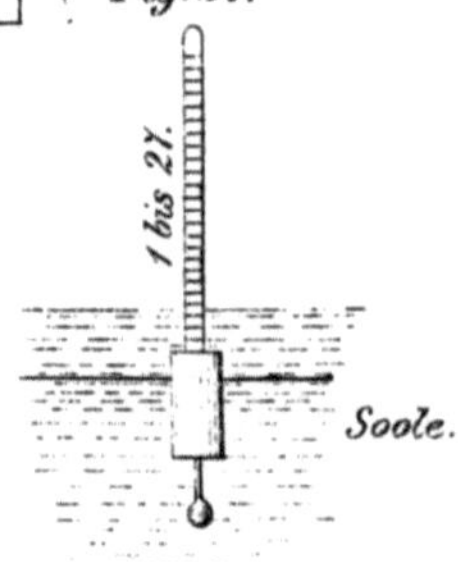

15.

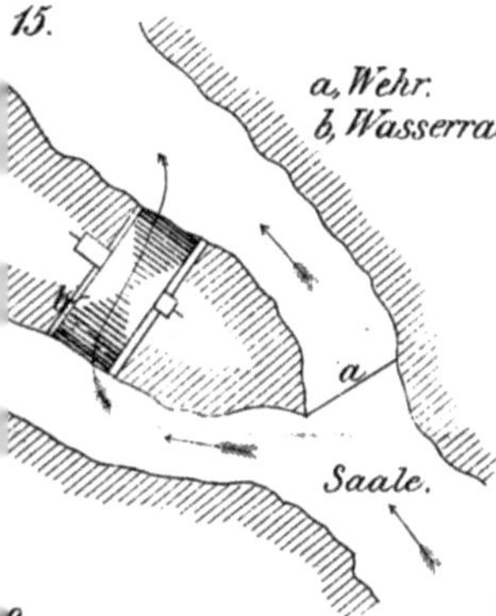

Fig. 16.
Güterschuppen der Eisenbahn.

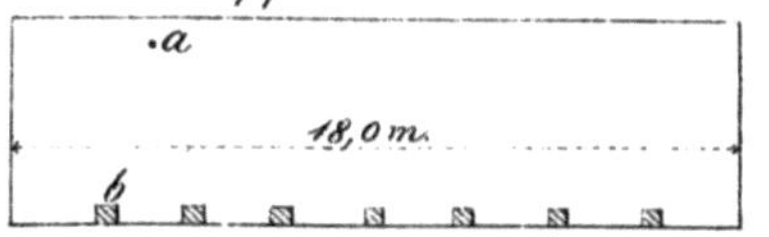

9.

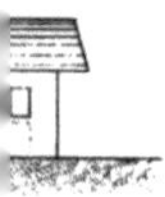

us.

Fig. 20.

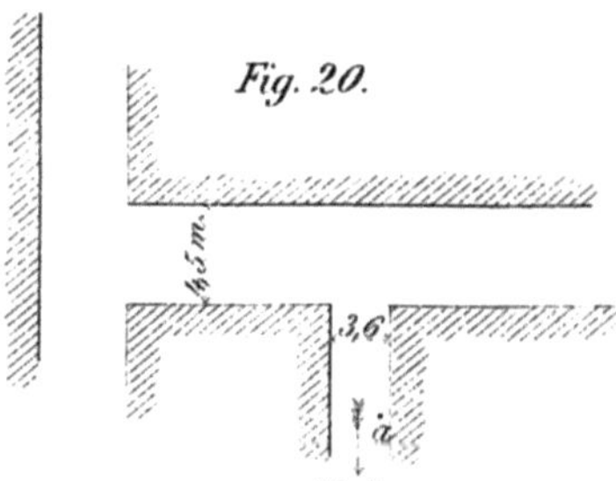

Fig. 26.

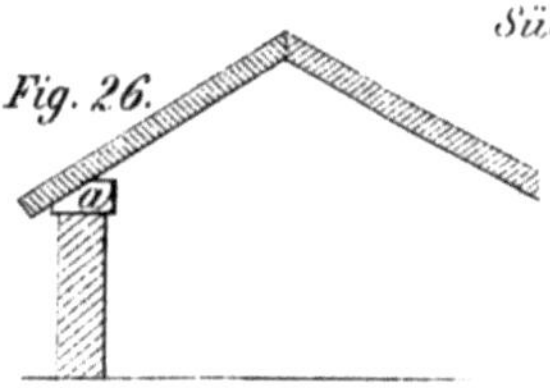

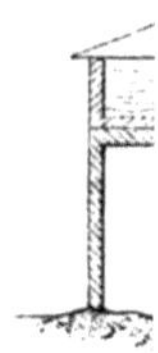

Fig. 17.

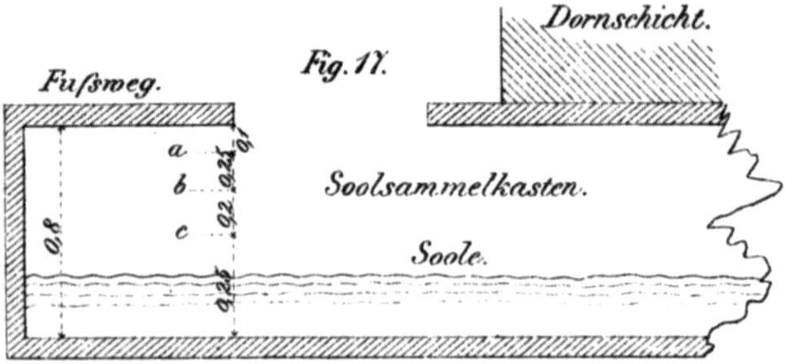

Fig. 21.

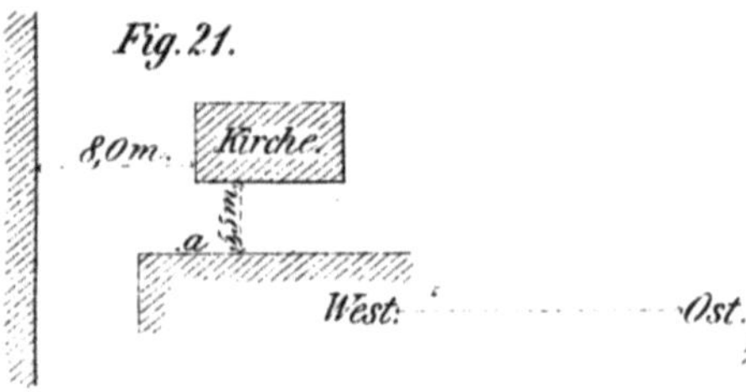

Fig. 22.

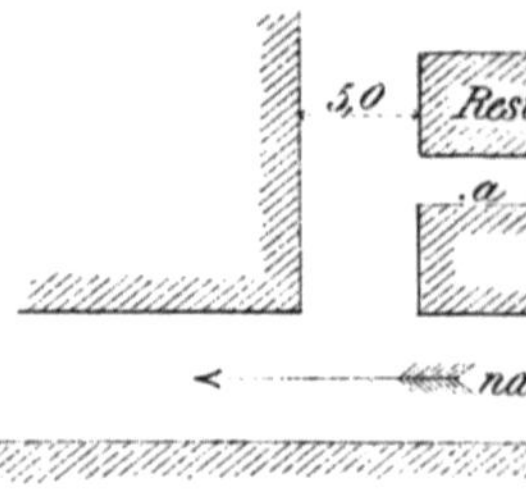

Fig. 27.

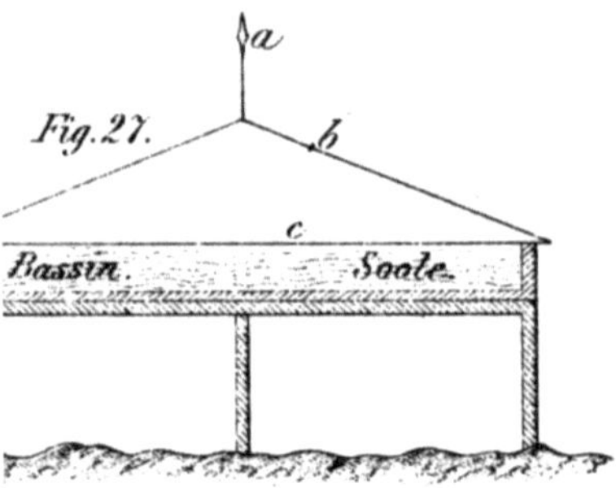

Fig. 28.

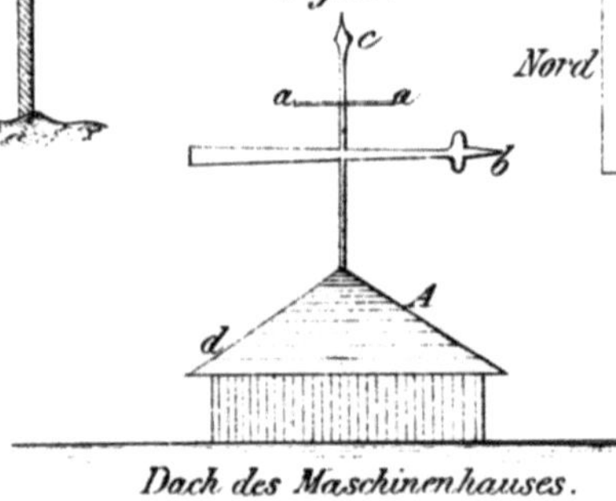

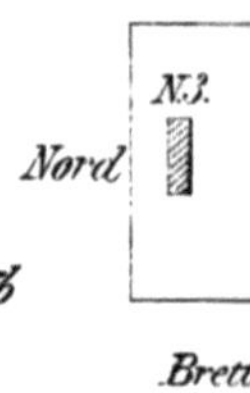

a, Papiere.

Fig. 18.

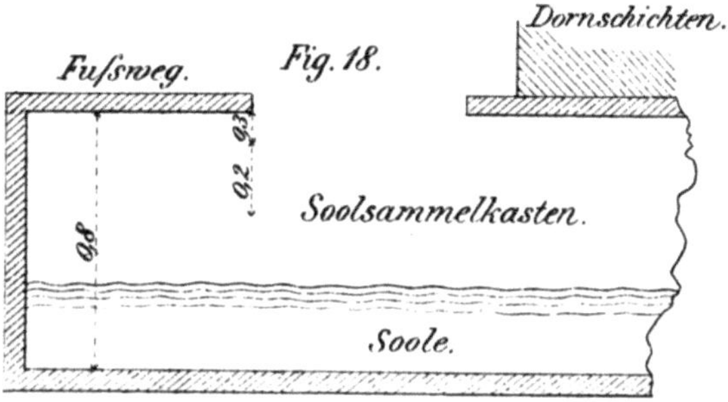

Fig. 23.

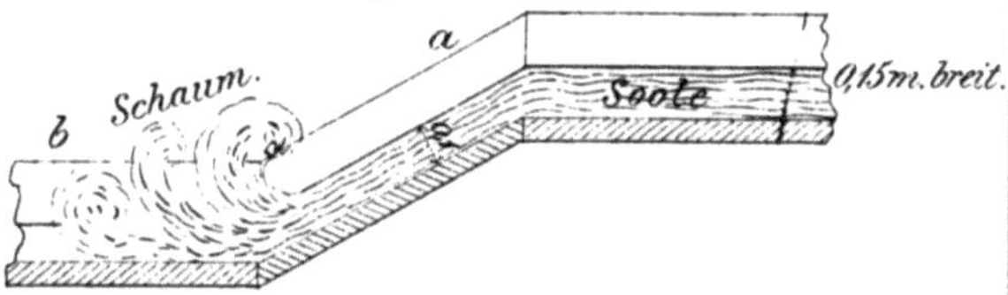

Fig. 29.

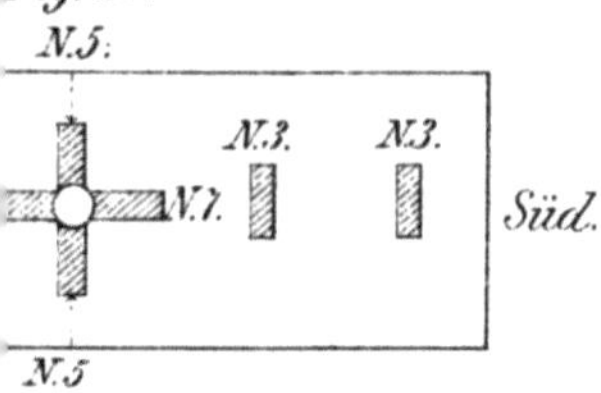

Blitzableiter bei a a.

Fig. 30.

Maschinenhaus.

Erweiterung und Blutüberfüllung der Arterien, Capillaren und Venen, die mit dieser Erweiterung Hand in Hand gehende Verlangsamung der Stromgeschwindigkeit, die Randstellung der farblosen Blutkörperchen in den Venen, die partiellen Stagnationen in den Capillaren, die gesteigerte Transsudation von Blutflüssigkeit und endlich die Extravasation weisser Blutkörperchen aus Venen und Capillaren, sowie rother aus Capillaren) nur in einer Alteration der physiologischen Beschaffenheit der Gefässwandungen ihren Grund haben, welche völlig unabhängig vom Nervensystem gedacht werden kann. — Die überraschenden Erfolge der Sauerstoffzufuhr auf entzündete Theile würden — die Unabhängigkeit der Entzündung vom Nervensystem vorausgesetzt — so zu deuten sein, dass nicht allein das centrale Nervensystem, sondern auch die Gefässwandungen grosser Quantitäten Sauerstoffs stetig bedürfen, um sich in ihrer Integrität zu erhalten. Weil nun Zufuhr von Sauerstoffgas jene Alteration der Arterien, Venen und Capillaren, welche einer Entzündung zu Grunde liegt, erfahrungsgemäss rasch beseitigen hilft, so dürfen wir — die Unabhängigkeit der Entzündung vom Nervensystem vorausgesetzt — ebenso, wie früher, folgern, dass je tiefer der Sauerstoffgehalt im Gesammtblute sinkt, um so grössere Anlage zu „Entzündungen" besteht. Der von mir publicirte Heilungsfall eines Bluters aus dem Jahre 1869, der Anfälle von Blutungen und von entzündlichen Gelenkanschwellungen meist gleichzeitig hatte, der sich mir am 8. Juli dieses Jahres zum Beweis bis jetzt andauernder Heilung wieder vorgestellt hat, wird in seiner Erkrankungsform und in seiner Herstellung durch Sauerstoff ebenso verständlich, wenn wir seine Hämorrhagien nur auf schlecht ernährte Capillaren, seine Entzündungen nur auf in ihren Wandungen alterirte Bezirke von Arterien, Capillaren und Venen zurückführen und den Sauerstoff als ein unentbehrliches Element für die Ernährung der Wandungen aller Gefässe erachten. —

Der Sauerstoff hat jedoch eine ernährende Bedeutung fast sicher für jede thierische Zelle. — Wolfberg, Ueber Athmung der Lunge, Archiv für die gesammte Physiologie (VI., S. 23—45), Strassburg, die Topographie der Gasspannungen im thierischen Organismus (Seite 65—96) haben Versuche über die Spannung des Sauerstoffs und der Kohlensäure im arteriellen und venösen Blute angestellt, welche mit allem Gewicht darauf hinweisen, dass die Kohlensäure in den Geweben der Hauptmasse nach erzeugt wird; wo aber die Kohlensäure entsteht, dahin wandert der Sauerstoff (Jahresbericht der Leistungen der gesammten Medicin. 1872. S. 99). Gestützt auf diese Arbeiten seiner Schüler hat Pflüger (Ueber die Diffusion des Sauerstoffs, den Ort und die Gesetze der Oxydationsprocesse im thierischen Organismus im Archiv für die gesammte Medicin. VI. Seite 43—64, Seite 190). Die Triebkraft, welche unter bestimmten Voraussetzungen die Bewegung des Sauerstoffdiffusionsstromes durch die Capillaren der Lunge zu leisten vermag, als sehr niedrigen Werthes ermittelt und ist nun der Meinung, dass gerade wegen der Kleinheit dieses Werthes schon geringe Variationen des Sauerstoffgehaltes, die durch Oxydationen in den Geweben in den thierischen Zellen herbeigeführt würden, sofort eine relativ bedeutende Steigerung der Diffusionsgeschwindigkeit des Sauerstoffs bewirken müssten.

Während nun Pflüger meint, dass nur die thierische Zelle, nicht der Sauerstoffgehalt des Blutes, die durch den Gesammtorganismus verbrauchte Sauerstoffmenge bestimmt, vertreten umgekehrt Mathieu und Urbain (Des gaz du sang, expériences physiologiques sur les circonstances, qui en font varier la proportion dans le système arterielle. Arch. de Physiol. norm. et pathol., 1872 u. Compt. rend. LXXIV.) mit Recht die Ansicht, dass die Menge von Sauerstoff, welche das Blut den Organen darbietet, die Grösse der im Körper stattfindenden Oxydationen mitbestimmt. Nach Mathieu und Urbain erhält das Gehirn ein sauerstoffreicheres Blut, als die übrigen Körpertheile, — ist der Tod durch starke Abkühlung auf die starke Kohlensäureanhäufung zu beziehen, welche sich im Blute ausbildet und den Stillstand des linken Ventrikels herbeiführe, — nimmt der Sauerstoff im Alter schnell ab und bewirkt Morphium Abnahme des Sauerstoffgehaltes im arteriellen Blute. — Auch Wolfberg (siehe vorher) kommt zu dem Resultate, dass der Sauerstoff einen sehr geringen, aber bemerkbaren Einfluss auf die Austreibung der Kohlensäure aus dem Blute in die Lungenluft ausübt. Binz (Ueber die Bedeutung der Ozonreaction Berliner klinische Wochenschrift No. 30 S. 364) nimmt an, dass im thierischen Körper Ozon verbreitet vorkomme und die Ursache der Oxydadationen, die in ihm vor sich gehen, sei. — Becquerel (Comp. rend. LXXV. p. 1310) glaubt, dass der Uebergang des arteriellen Blutes in venöses in den Capillaren auf demselben Vorgange beruhe, den er an Salzlösungen beobachtet hat, die durch Capillarröhren in Verbindung stehen und den er als einen electro-capillaren bezeichnet; das Blut trete in den Capillaren mit den dieselben umspülenden Flüssigkeiten in Contact und durch den electro-capillaren Vorgang trete Oxydation ein. —

Ritter in Strassburg athmete in einigen Tagen 25 bis 30 Liter Sauerstoff und fand dabei die Säure des Harns vermehrt, die Quantität des Harnstoffs und des Stickstoffs vermindert, die Harnsalze und Ammoniaksalze vermehrt. Er glaubt, die Oxydation im Organismus sei weiter vorgeschritten, als ohne die Sauerstoffathmung. Der Urin blieb lange sauer beim Stehen (Analyse critique. Journal de l'anat. et de la physiol. No. 3. p. 275). —

Wir erkennen, dass es jetzt die Arbeit mehrerer Physiologen ist, die Bedeutung des Sauerstoffs für unsern Organismus experimentell festzustellen. Ehe diese Arbeiten nicht auf den electrischen Sauerstoff sich ausgedehnt haben, darf ich nicht hoffen, meine neuen Thesen (dass die Electricität des centralen Nervensystems jene Grundkraft unseres körperlichen Lebens ist, deren Verminderung gestattet, dass der Stoffwechsel zu langsam oder zu beschleunigt abläuft, dass Wärme, Herz- und Athembewegungen zu wenig oder zu viel frei werden, — dass das atmosphärische Ozon nicht allein die uns innewohnende desinficirende Kraft erhöht, sondern auch für unser centrales Nervensystem eine Quelle seiner eigensten Kraft, eine Quelle von Electricität ist —, dass innerhalb gewisser Grenzen electrisiren gleichbedeutend mit tonisiren ist) baldigst anerkannt oder widerlegt zu sehen. — Schon vor Jahresfrist habe ich erläutert, weshalb in der Prophylaxe sowohl, als in der Behandlung der Cholera unsere Gase nicht entbehrt werden können, obgleich meinerseits nur Erfahrungen bei Brechdurchfällen vorliegen. —

Das atmosphärische Ozon.

In der im Drucke befindlichen Schrift, welche Professor Dr. F. Prestel, Director der Naturforschenden Gesellschaft zu Emden, über den Boden, das Clima und die Witterung Ostfrieslands verfasst hat, ist Nachfolgendes über das atmosphärische Ozon mitgetheilt:

„Das Ozon ist bei seiner lebhaften Oxydationsfähigkeit ein wichtiges Luftreinigungs- und Desinfectionsmittel und hierdurch von grosser Einwirkung auch auf das Gedeihen und Nichtgedeihen der Organismen. Wo die Luft nicht so ozonhaltig ist, dass die miasmatischen Ausdünstungen zerstört werden, da ist auch der Anfenthalt für den Menschen nicht gesund. Sumpfgegenden sind eben darum die Brutstätten der Fieber und Contagien, namentlich zur Nachtzeit, wo das Sonnenlicht nicht erregend auf den atmosphärischen Sauerstoff einwirkt, und bei Windstille, wenn kräftige Luftströmungen die Ozonreaktion nicht erhöhen und die vergiftete Luft desinficiren. Wenn man nur einzig und allein den Punct in's Auge fasst, dass das Ozon bei der Verwesung, wie auch bei der Respiration das wirksamste Element ist, so erscheint es für das animale und vegetative Leben als ein höchst wichtiger Stoff. Unter diesen Umständen ist die Bestimmung der Ozonreaktion der Luft, welche sich zu verschiedenen Zeiten so höchst verschieden herausstellt, ein wichtiger Gegenstand der meteorologischen Statistik und die Feststellung des periodischen und nichtperiodischen Auftretens des Ozons ein wesentliches Moment für die Climatologie.

Die auf die Bestimmung des Ozongehalts der Luft gerichteten Beobachtungen sind bis jetzt nur noch verhältnisswenig an wenigen Orten gehörig lange Zeit hindurch angestellt. Wenn daher aus den bereits vorhandenen Beobachtungen der Einfluss, welchen das Ozon auf die Lebensverrichtungen der Organismen hat, noch nicht vollständig nach Maass und Zahl hervorgeht, wenn hierbei noch Vieles räthselhaft ist, so liegt das eben in der Unvollständigkeit der zur Untersuchung solcher verwickelten Erscheinungen erforderlichen Beobachtungsreihen. Um die Beziehung des Ozongehalts der Luft zu der Morbilität und Mortalität, den Krankheitsformen, dem Auftreten der letzteren in ihrem Zu- und Abnehmen zu ermitteln, ist erforderlich, dass auch über letztere vollständige Reihen von Beobachtungen vorliegen, eben weil es sich hier um die Erkenntniss des jeweiligen Einflusses des besonderen Zustandes des Allgemeinen, des Luftmeeres nämlich, auf das Besondere, auf die Functionen der Organe der einzelnen Thiere und Pflanzen handelt. Nichtsdestoweniger sind die von vielen Naturforschern durch die Beobachtungen schon jetzt erzielten Resultate nicht ohne Bedeutung. (Der Ozongehalt der Luft wurde durch das Schönbein'sche Ozonometer bestimmt.)

Die chemische Thätigkeit der Atmosphäre, durch welche sich das Ozon geltend macht, ist verschieden, sowohl nach der Tages- und Jahreszeit, als bei verschiedenen Winden.

Nach den in Emden seit 15 Jahren (von 1857 bis 1871) ununterbrochen durchgeführten Beobachtungen ist der Ozongehalt der Luft (Scala 1° bis 10°):

	Jan.	Febr.	März	April	Mai	Juni
in Mittel	5,56	6,62	7,28	7,40	7,06	6,94
am Tage	4,94	6,20	7,22	7,62	7,18	7,02
Nachts	6,18	7,02	7,32	7,14	6,88	6,70
Unterschied zwischen Tag und Nacht	—1,24	—0,82	—0,10	+0,48	+1,70	+0,52
	Juli	Aug.	Sept.	Oct.	Nov.	Dec.
in Mittel	6,12	6,35	6,34	5,92	4,88	5,06
am Tage	6,42	6,82	6,78	6,80	4,30	4,36
Nachts	5,80	5,86	5,90	5,70	5,46	5,74
Unterschied zwischen Tag und Nacht	+0,62	+0,96	+0,88	+1,10	—1,16	—1,38

Das Resultat aus den vorstehenden Mittelwerthen ist:

1) Die Ozoneinwirkung ändert sich im Laufe des Jahres periodisch und zwar höchst gesetzmässig. Die Ozonreaction ist im November, dem in England so berüchtigten Monate, am geringsten, wird dann von Monat zu Monat grösser, bis nach dem Frühlings-Aequinoctium; um diese Zeit erreicht sie ihr absolutes Maximum. Sie nimmt dann successiv ab bis nach den Sommersolstitien, wo sich ein zweites kleineres Minimum einstellt; wächst darauf wieder bis gegen das Herbst-Aequinoctium, um welche Zeit sich wieder ein zweites, kleineres Maximum einstellt. Dann nimmt sie abermals ab bis zum November. Das Auftreten der Maxima um die Zeit der Aequinoctien, so wie das der Minima um die Zeit der Solstitien, deutet entschieden darauf hin, dass die Ozonreaction zu den allgemeinen tellurischen Luftströmen, welche im Laufe des Jahres zu derselben Zeit ebenfalls eine Aenderung zeigen, in wesentlicher Beziehung steht.

2) Die Einwirkung des Ozons ist im Winterhalbjahre, vom November bis zum März, am Tage geringer als während der Nacht; im Sommerhalbjahre aber, vom April bis October, ist sie bei Tage grösser als Nachts. Die Ursache dieses Unterschiedes der Ozonreaction am Tage und während der Nacht liegt in der Ventilation. Die Ozonreaction ist, wie sich aus der ozonoscopischen Windrose ergiebt, bei verschiedenen Winden verschieden. Ausserdem aber ist sie der Stärke oder Geschwindigkeit des Windes proportional. An Tagen, an welchen die Luft still oder schwach bewegt ist, ist auch die Ozonreaction 0 oder sehr schwach; an Tagen mit frischem oder stürmischem Wind ist sie 7 bis 10. Die Stärke des Windes hält an der Nordseeküste eine tägliche Periode inne, und zwar ist sie, ebenso wie die Ozonreaction, während des Tages im Winter geringer, im Sommer grösser als während der Nacht. Die mittlere Stärke des Windes, an stark windigen und stürmischen Tagen, in Graden der Mannheimer Scala ausgedrückt, ist

	Jan.	Febr.	März	April	Mai	Juni
um Mittag	1,7	1,1	1,6	1,9	1,1	1,8
am Morgen und Abend	1,9	1,4	2,5	1,7	0,8	0,7
Unterschied	—0,2	—0,3	—0,9	+0,2	+0,3	+1,1

	Juli	Aug.	Sept.	Oct.	Nov.	Dec.
um Mittag	3,1	2,7	1,7	1,9	0,9	2,0
am Morgen und Abend	0,9	1,5	0,5	1,5	1,3	2,6
Unterschied	+2,2	+1,2	+1,2	+0,4	—0,4	—0,6

Die mit den Windem, welche von der Seeseite herkommeu, herbeigeführte Luft isr ozonreicher als die, welche vom Continente her zu uns kommt. Der Ozongehalt der Luft ist bei Nordwestwind am grössten, bei Südostwind am kleinsten.

In der Seeluft ist das Ozon vorwaltend. Wenn die Luft über dem Lande in hohem Grade ozonhaltig ist, so rührt dieses gewöhnlich vom Andauern der Luftströmung von der Seeseite her. Das Ozon tritt immer mit den Winden auf, welche auch der Gesundheit günstig sind. Den wohlthätigen Einfluss der Seeluft, welchen kränkliche und schwächliche Personen empfinden, wenn sie zur See gehen oder ihren Aufenthalt an den in der Nähe des Meeres belegenen Kurorten nehmen, und ebenso das, was den Sommer-Aufenthalt auf den Inseln der Nord- und Ostsee so wohlthuend und behaglich macht, ist eben der reiche Ozongehalt.

Nach obigen Zahlen ist die Luft schon über der Nordseeküste sehr reich an Ozon; in ungleich höherem Grade kommt dasselbe aber über den Inseln — Norderney, Borkum u. d. ü. — vor. Die vom Sanitäts-Rath Dr. Wiedasca im September 1857 begonnenen, leider aber nur bis Dezember fortgesetzten Beobachtungen ergaben für Norderney ungleich höheren Ozongehalt, als die von Emden. Durch die mit demselben Ozonmeter angestellten, einander korrespondirenden Beobachtungen stellten sich die folgenden Ozonmeter-Grade heraus:

1857	September	Oktober	November	Dezember
Norderney	7,4	6,5	5,6	7,0
Emden	6,2	5,7	4,8	5,9
Unterschied	+ 1,2	+ 0,8	+ 0,8	+ 1,1

Das Auftreten der Malaria und der Ozongehalt der Luft stehen in solcher Beziehung, dass während jeder Malaria-Epidemie in den Marschgegenden der Ozongehalt der Luft gering ist. In den Sommer- und Herbstmonaten der Jahre 1859 und 1861, in welchen die Malariaseuche in Ostfriesland so ausserordentlich verbreitet und heftig auftrat, blieb der Ozongehalt hinter den allgemeinen Mittelwerthen bedeutend zurück. Im Jahre 1862 wichen die Ozonmeter-Grade nur wenig vom Mittel ab, und die Malaria trat nur vereinzelt auf. In den durch grossen Ozongehalt der Luft ausgezeichneten Jahren 1863 und 1864, war die Seuche ganz verschwunden.

Bei der Frage nach der Ursache des heilsamen Einflusses eines Aufenthalts an den klimatischen Kurorten von mehr oder weniger bedeutender Seehöhe am Harze, im Thüringer Walde, in den Alpen darf neben den übrigen Witterungsfaktoren der grössere Ozongehalt nicht übersehen werden. Nach vierjährigen Beobachtungen, welche zu Clausthal, auf dem Plateau des Harzes, in einer Seehöhe von 1745 par. Fuss angestellt worden, stellt sich die Ozonreaktion daselbst grösser heraus, als auf den Inseln der Nordsee. Als Durchschnittswerthe haben sich nämlich ergeben:

Jan.	Febr.	März	April	Mai	Juni	Juli	Aug.	Sept.	Okt.	Nov.	Dez.
8.25	7.10	7.90	7.56	7.28	7.79	7.74	8.24	7.99	7.67	6.31	7.47

Als von besonderem Interesse und zur Vergleichung fügen wir Vorstehendem noch bei die Ergebnisse sechsjahriger Ozonbeobachtungen zu Funchal, auf der Insel Madeira, seit Jahren der Zufluchtsort für chronische Kranke.

Funchal (32° 28′ N.B. 16° 35′ Wo. Grw.), Ozon (1 — 10).

Jan.	Febr.	März	April	Mai	Juni	Juli	Aug.	Sept.	Okt.	Nov.	Dez.
7.3	6.8	6.5	5.9	6.0	5.6	5.2	5.2		5.8	6.8	6.5

Im Winterhalbjahre ist hier die Luft besonders ozonreich." —

Aus Prestels: „Die Winde in ihrer Beziehung zur Salubrität und Morbilität, Emden 1872" ist noch Folgendes anzuführen: Die hauptsächlichste Ursache, dass in allen Jahren, in welchen in Deutschland die Cholera weit verbreitet auftrat, die Nordseeküste von derselben verschont blieb, ist der hier herrschende, durch die längs der Küste fortgehenden Fluthströme angefachte, frische Wind. Die Malaraseuche kam in Ostfriesland 1846 bis 1848, 1857 bis 1859, 1861 in hohem Grade, in pandemischer Ausbreitung, vor, hauptsächlich, weil die Winde in den angegebenen Jahren über den Küstenstrecken sehr schwach waren. Der Keim zu den klimatischen Krankheiten wird in der Regel schon durch die abweichende Witterungsbeschaffenheit der vorhergehenden Monate erzeugt: non solum interest, sagt Hippocrates, quales dies sint, sed quales praecesserint. — Im Jahre 1857 kamen — nach Medicinalrath Stöhr — unter 1000 Krankheitsfällen 468 gastrische Fieber vor: Mai und Juni je ein Fall, im Juli 12, August 90, September 147, October 163, November 47; der Ozongehalt der Luft war in allen Monaten kleiner, als der mittlere: im Mai um 1,7, im Juli um 0,3, im August 0,4, im September 0,9, im October 0,8, November 1,8. — Bei den meisten klimatischen Krankheiten, wie der Malaria, dem gelben Fieber, wenn sie epidemisch auftreten, stellt sich heraus, dass die unmittelbar auf der Erdoberfläche ruhende Luftschicht vorher längere Zeit in Ruhe oder wenig bewegt war. Die trockene Luft auf der Hochebene der iberischen Halbinsel ist wegen der Windstille gefährlich. Die Luft in Madrid, sagt ein spanisches Sprichwort, tödtet wohl einen Menschen, bläst aber kein Licht aus. Die Calmengegenden werden wegen der Windstillen, sagt Maury, zu einem Leichenacker, wenn die sie durchkreuzenden Auswandererschiffe 2 bis 3 Wochen innerhalb derselben verweilen müssen. Bei schwach bewegter Luft und noch mehr bei Windstille mindert sich die Verdunstung und der Ozongehalt, während die Miasmen sich häufen. Auf den ostfriesischen Inseln treten die Winde kräftiger auf, als über der Küste, die Luft der Inseln ist daher an Salz und Ozon reicher und somit gesünder. Ausser der Stärke und Dauer müssen auch die Richtung der Winde und die Windstillen notirt werden. Durch die Richtung wird die Qualität eines Luftstromes, seine Wärme, Feuchtigkeit, Electricität, sein Gehalt an Ozon, Pilzsporen, Infusorien bestimmt." — Alle Winde evacuiren und produciren durch Verdunstung Ozon, allein nur die Luftströme desinficiren direct, welche über Seen, Wälder, Meere, Gebirge, durch Gradirwerke ihren Lauf nehmen und daher Ozonträger sind. —

Im August 1872 war es im Nordseebade Westerland auf der Insel Sylt stets windig, der Westwind nimmt seinen Lauf über die Nordsee, der Ostwind über flaches, baumloses Haideland. Die Messungen mit dem neuen Ozonometer fanden den ganzen Monat August hindurch an der Westküste statt und ergaben immer dasselbe Resultat. Die Papiere blieben 24 Stunden aufgehängt. An vier Stellen wurde gemessen, A. liegt hart am Meere, B. ein Thurm, liegt 20 Meter von A. entfernt, C. 5 Meter von B. auf der Höhe, und D. 300 Meter von C. — Von A. nach C. geht es bergauf, von C. nach D. geht es mässig bergab. — Der Boden ist mit reinem Sand ohne Tang bedeckt, die Ebbe setzt nur auf der Ostseite von Sylt Tang ab (Watt). Bei D. liegt ein Garten, ausserhalb und innerhalb desselben ist gemessen worden. —

Die nachfolgenden Messungen zeigen nun die Verschiedenheit im Ozongehalt des Windes:

Bei Westwind:

A. 14. B. 12. C. 10. D. ausserhalb des Gartens 8, im Garten 9.

Bei Ostwind:

A. 8. B. 8. C. 6. D. ausserhalb des Gartens 6, im Garten 6.

In Sassnitz auf Rügen fand ich im August 1872 nach neunstündiger Messung: in einem Fichtenwalde, 5 Fuss hoch, der Boden bedeckt mit Nadeln, kein Wind, doch etwas Sonne, 200 Schritt von der Küste No. 9.; an einem Lerchenbaum, umgeben von Fichten, Boden mit Moos und Nadelstreu bedeckt, 5 Fuss hoch, kein Wind, keine Sonne No. 9.; — in einem Fichtenwalde ohne Unterholz, die unteren Zweige trocken, Boden ohne Moos mit Nadeln bedeckt 10; — in einem Fichtenwalde ohne Unterholz, vor einer von Fichten umschlossenen freien, mit Nadeln bedeckten Stelle, ohne Wind und ohne Sonne No. 11; — in einem Buchenwalde am Waldesrande, dem Winde zugänglich, Boden mit zum Theil verwesendem Laub bedeckt, Unterholz von verschiedenen Sträuchern, an einer Buche No. 11. — Am 20. August auf dem Fahrenberge nach zwölf Stunden No. 12. — Vom 28. August fanden tägliche Messungen statt, deren Resultate später mitgetheilt werden sollen. —

In der Schweiz konnte ich mich von der Thatsache überzeugen, dass der Höhennebel im Gegensatz zu dem Nebel der Thäler — fast gewiss durch die auf hohen Bergen im Nebel zu constatirende starke Verdunstung — reich an Ozongas ist. — Unter dem 10,000 Schweizerfuss hohen Sparrhorn bei Brieg liegt 7000 Fuss hoch die Belle Alp; in dieser Höhe zeigte am 30. August d. J. das Papier — von 10—12 Uhr Mittags in starkem Nebel bei 9° R. und 21 Zoll 9 Linien Barometerstand ausgehängt, No. 8 der Scala, No. 11 nach 6 Stunden. — Dagegen am 2. September d. J. von ½8 Uhr Morgens bis ½10 Uhr Abends — der Tag war sonnig und windstill — No. 9. —

Am 6. September d. J. zeigte das Papier in $1^1/_4$ Stunde — von 8 Uhr Morgens bis $9^1/_4$ Uhr Morgens — in starkem Nebel auf Mürren — 5460 Schweizerfuss hoch nahe der Jungfrau gelegen — No. 8. — Auf der Belle Alp sowohl, als auf Mürren blieb mein Rock trotz starken Nebels nahezu trocken, indem die auffallende Feuchtigkeit rasch verdunstete. — An den Wasserfällen des Reichenbachs bei Meiringen und an den Cascaden des Giessbachs im Berner Oberlande ergab sich die starke Production des electrischen Sauerstoffs, sobald Süsswasser durch starke Verstäubung stark verdampft. Am Fusse des Giessbaches ergab ein Papier nach $1^1/_2$ Stunden No. 9., in der Mitte des Giessbaches nach $1^1/_2$ Stunden No. 8, am oberen Theile desselben nach 30 Minuten No. 4. Gleichwohl ist es nicht richtig, wenn Professor Gorup-Besanez die starke Ozonbildung an den Gradirwerken nur auf die grosse Verdunstung bezieht und den Salzgehalt einer verdunstenden Flüssigkeit gleichgiltig für die Ozonproduction hält. Abgesehen von meinen früher mitgetheilten Experimenten hat Heinrich Struve in Tiflis auf Grund eigener Untersuchungen mir diesen Sommer mündlich die Richtigkeit meiner These, dass Salzwasser unter gleichen Bedingungen stärker Ozon bildet, als Süsswasser, bestätigt. Beide in Kissingen festgestellte Beobachtungen hören auf, seltsam zu sein durch die Thatsache, dass das schwere Salzwasser weniger verdunstet, jedoch mehr negative Electricität frei macht, als unter völlig gleichen Bedingungen verdunstendes Süsswasser. Die Ozonproduction durch Verdunstung ist also fast gewiss electrischen Ursprunges, und es begreift sich, weshalb — sagt Dr. Kayser in seiner Physik des Meeres, über dem Meere häufige und schwere, über dem Festlande Nordamerikas mit seinen grossen Süsswasserseen seltene und leichte Gewitter beobachtet werden. — In Wiesbaden am 22. September d. J. liess sich constatiren, dass, während die Papiere ausserhalb einer am Bergabhang gelegenen Wohnung (Schöne Aussicht 4) nach 12 Stunden 11 und 12 zeigten, die innerhalb der Wohnung Abends nach Verschluss der Fenster und Thüren aufgehängten und Morgens vor Oeffnung der Fenster und Thüren abgenommenen Papiere No. 2 u. 3 zeigten. — Bei sehr günstig gelegenen Wohnungen athmen daher die Bewohner Tag und Nacht activen Sauerstoff, eine Thatsache, welche Pettenkofer entgehen musste, weil er mit stumpfen Papieren gemessen hat. —

Das Juliheft der Berichte der Deutschen Chemischen Gesellschaft d. J. enthält p. 806—809 die Erwiederung, welche Professor Carius an Rammelsberg hat richten müssen. Rammelsberg versucht in denselben Berichten (VI. p. 603), weil es ihm weder gelungen ist, Ozonwasser bei gewöhnlicher Temperatur herzustellen, noch im Krebs-Kroll'schen Ozonwasser activen Sauerstoff nachzuweisen, glauben zu machen, das von Professor Carius am 11. März und 24. Juni 1872 untersuchte Wasser sei nicht Ozonwasser, sondern unterchlorigsaures

Wasser gewesen. Dr. Carius sagt Folgendes: Ueber Absorption von Ozon im Wasser:

In einer frühern Mittheilung[1]) habe ich bewiesen, dass entgegen der Angabe der meisten Chemiker[2]) das Ozon ohne Veränderung in nicht unerheblicher Menge vom Wasser absorbirt wird. Zugleich habe ich bemerkt, dass, weil das Ozon immer nur mit viel Sauerstoff gemischt und auch dieses Gemenge nicht längere Zeit hindurch von constanter Zusammensetzung erhalten werden kann, es gegenwärtig fast unmöglich erscheint, die Absorptionsgrösse des Ozons zu bestimmen, und mich aus diesem Grunde auf Feststellung der genannten Thatsache beschränkt. Eine Mittheilung von Rammelsberg[3]) veranlasst mich indessen, meine Versuche vollständiger zu veröffentlichen.

Da die Darstellung des Ozons auf chemischem Wege für einigermaassen exacte Versuche hier fast ausgeschlossen ist, so habe ich dasselbe ausser durch Electrolyse durch electrische Entladung dargestellt, wobei ich mich im Wesentlichen der vortrefflichen Methode von Houzeau, durch sog. dunkle Electrisation[4]), bedient habe; dieselbe gestattet nicht allein unter Anwendung von reinem Sauerstoff ein sehr ozonreiches Gasgemenge zu erhalten, sondern es ist auch bei Luft die Menge der gebildeten salpetrigen Säure kleiner als bei sichtbarem Ueberschlagen der Funken; und diese Bildung findet nach Houzeau's und meinen eigenen Versuchen gar nicht mehr statt, wenn der Sauerstoff mit etwas Luft (nach Houzeau 6.7 pCt. N) verunreinigt war. Das bei meinen Versuchen verwandte Sauerstoffgas enthielt nur die durch das Auffangen desselben über Wasser unvermeidliche Beimengung von Stickstoff (höchstens etwa 1.2 pCt.). Selbstverständlich wurde auf Reinheit des Sauerstoffs, sowie des als Absorptionsflüssigkeit dienenden Wassers sorgfältigst geachtet und vor dem Beginn jedes Versuches durch längeres Durchleiten von Sauerstoff durch den fertig zusammengestellten Apparat aus diesem und der Absorptionsflüssigkeit die Luft ausgetrieben, und alsdann erst der Gasstrom passend verlangsamt und der Inductionsapparat in Thätigkeit gesetzt. Ich wandte bei allen Versuchen einen Inductionsapparat mit Platin-Unterbrecher an, der bei vier Bunsen'schen Elementen etwa $0^{m}.01$ lange Funken und dann ein Gasgemenge mit bis zu 3.0 Vol. pCt. Ozon gab; durch Anwendung von nur 3 oder 2 Bunsen'schen Elementen wurde der Gehalt des Gasgemenges regulirt.

[1]) Diese Berichte V, S. 520.

[2]) Nur Soret hat bestimmt angedeutet, dass Ozon im Wasser absorbirbar sei; die mir wohl bekannt gewesene Angabe darüber von Meissner bezieht sich auf nicht sicher reines Ozon, weshalb sie hier nicht in Betracht kam; Rammelsberg erwähnt auch Houzeau, von dem mir indessen eine Angabe über Absorbirbarkeit auch jetzt noch nicht bekannt ist.

[3]) Diese Berichte VI, S. 603.

[4]) Annales de Chimie et de Physique, 4. série, t. XXII, p. 150.

Leitet man ein Gas durch eine Flüssigkeit, so entweicht bekanntlich besonders bei nicht sehr hohem Absorptionscoefficienten von vorn herein viel Gas unabsorbirt, und es bedarf eines langen Durchleitens zur Beendigung der Absorption. Im vorliegenden Falle musste die Dauer des Einleitens noch grösser sein, da der Gasstrom stets nur sehr langsam, 1500 CC. in 1 Stunde etwa, sein konnte. Bei dieser Schnelligkeit des Durchleitens war die Sättigung von etwa 80 CC. Flüssigkeit in 3—4 Stunden beendet, was durch einen zweiten Versuch von 4—5 Stunden Dauer bei sonst nahe gleichen Umständen geprüft wurde. Indessen liegt in der möglicherweise noch nicht beendigten Sättigung die grösste Fehlerquelle meiner Versuche, besonders da es schwer ist, den genannten Inductionsapparat auch nur diese Zeiten sicher ohne alle Unterbrechung thätig zu erhalten.

Die Absorption wurde in denselben Cylindern und die Bestimmung des Ozongehaltes des Produktes durch Bunsen'sche Jodtitrirung in derselben Weise ausgeführt, wie ich sie früher schon beschrieben habe. Unmittelbar nach Beendigung jeder dieser Bestimmungen und während der Entwicklungsapparat ununterbrochen thätig war, wurde von dem Gase aufgefangen und darin in derselben Weise, wie früher angegeben, das Ozon durch Jodtitrirung bestimmt.

Die Hauptfehlerquellen der Versuche liegen in der Unmöglichkeit, den Gasstrom von constanter Zusammensetzung zu erhalten und die Sättigung der Absorption mit Sicherheit zu erreichen; die letztere wird denn auch wohl bedingen, dass ich die Absorptionsgrösse des Ozons wahrscheinlich noch zu niedrig gefunden habe.

Als Beispiele führe ich hier drei Versuchs-Resultate mit ozonhaltigem Sauerstoff von dem beigesetzten verschiedenen Gehalte an Ozon an:

Ozon in 100 CC. Gasmenge.	100 CC. Flüssigkeit enthalten (neben Sauerstoff) absorbirtes Ozon:	bei:
1) 2.282 CC.	1.346 CC. von 0° und 0m.76	1—2°.5 und 0m.7398 Druck
2) 1.472 „	0.910 „ „ „	1—2°.5 „ 0m.7400 „
3) 1.149 „	0.748 „ „ „	1—2°.5 „ 0m.7395 „

Wie erwähnt können diese Zahlen nicht mit Sicherheit als die wirkliche Absorptionsgrösse des Ozons betrachtet werden, sondern geben diese nur annäherungsweise. Macht man die Annahme, dass sie genau richtig seien, so lässt sich unter der weitern Voraussetzung, dass das Ozon bei der Absorption sich gemäss dem von Bunsen scharf begründeten Gesetz verhielte, nach den von Bunsen[1]) gegebenen Formeln leicht die Absorptionsgrösse für andere Druckkräfte berechnen. Der Druck, unter dem die Absorption eines der Bestandtheile eines Gemenges zweier Gase erfolgt, der partiare Druck desselben, ist $\frac{v}{v+w} . P$, wo v das Vol. des Ozons, w das des Sauerstoffs in 100 Vol. Gemenge und P den Barometerstand bedeutet; ist ferner a die beobachtete Absorptionsgrösse und a′ die gesuchte bei dem neuen Druck $\frac{v'}{v'+w'} . P'$, so ist

$$a' = \frac{a . \frac{v'}{v'+w'} . P'}{\frac{v}{v+w} . P}$$

Man erhält so aus der in Versuch 2 gefundenen Absorptionsgrösse als solche für Versuch 1 und 3:

	Berechnet.	Gefunden.
1)	1.410	1.346
2)	0.709	0.748

Der Absorptionscoefficient α eines Gases ist nach Bunsen die vom Flüssigkeitsvol. 1 bei 0m.760 Druck absorbirte Gasmenge; derselbe ist daher:

$$\alpha = \frac{a . 0.760}{h . P . \frac{v}{v+w}},$$

wo a die vom Vol. h absorbirte Gasmenge bedeutet. Nach Versuch 2 findet man so den Absorptionscoefficienten des Ozons für die Temperatur 1—2°.5 zu:

$$\alpha = 0.635.$$

Diese Zahl kann aber aus genannten Gründen nur eine ungefähre Annäherung sein und ist wahrscheinlich zu niedrig.

Es liess sich ohne Weiteres erwarten, dass die Absorptionsgrösse des Ozons mit steigender Temperatur rasch abnimmt, ähnlich wie bei den meisten andern Gasen, nach meinen Versuchen aber auch, dass sie bei mittleren Temperaturen noch sehr wahrnehmbar sein würde. Ich habe, um jeden Zweifel zu lösen, einen Versuch in der oben genannten Weise angestellt und gefunden:

Ozon in 100 CC. Gasmenge:	100 CC. Flüssigkeit enthalten absorbirtes Ozon:	bei
1.694 CC.	0.611 CC. von 0° und 0m.76	16°. und 0m.7358 Druck.

[1]) Gasometrische Methoden S. 137 u. f.

Einige Versuche zeigten, dass, wie zu erwarten, auch unter Anwendung von ozonhaltiger Luft eine reichlich ozonhaltige Absorption erhalten wird; eine solche enthält aber stets Spuren von Salpetersäure und röthet Lacmuspapier vor der Entfärbung schwach. Dagegen konnte darin keine salpetrige Säure aufgefunden werden, welche unter dem Einfluss der electrischen Entladung gebildet, beim Zusammentreffen mit Wasser also durch das Ozon wohl rasch zu Salpetersäure oxydirt wird. Auch Wasserstoffsuperoxyd konnte ich in einer solchen, 0,4 pCt. Ozon haltenden Flüssigkeit auch nach mehrtägigem Stehen nicht nachweisen.

Die Thatsache der Absorbirbarkeit des Ozons wird ohne Zweifel auch für die grosse Natur von Wichtigkeit sein, und gewiss wird das Regenwasser Ozon aus der Luft absorbiren; dass man aber selbst bei sehr ozonreicher Luft das Ozon im Regenwasser je nachweisen kann, möchte ich fast bezweifeln, da der partiare Druck des Ozons in der Atmosphäre ein so minimaler ist. Sollte endlich eine Absorption von Ozon in Wasser für etwaige practische Zwecke erfordert werden, so zeigen meine Versuche, dass und wie dieselbe sicher rein dargestellt werden kann. Ich bemerke noch, dass die Anwendung eines Systems von Absorptionsflaschen und eines etwas erhöhten Druckes dabei unbedingt vortheilhaft sein werden. So weit Prof. Carius. —

Ist nun das die Leinwand bleichende, Farben und Gerüche zerstörende Princip der Atmosphäre auch jener Körper, durch welchen die freie Luft auf den Menschen stärkend einwirkt?

Der active Sauerstoff ist das desinficirende und gleichzeitig das tonisirende Agens der Luft, weil die aqua ozonisata desinficirt und tonisirt. Einen Beleg für diesen Satz enthält die nachfolgende Petition:

„Einem hohen Ministerium der geistlichen, Unterrichts- und Medicinal-Angelegenheiten erlaubt sich der unterzeichnete Verein nach dem einstimmigen Beschlusse der in der Sitzung des zweiten December anwesenden Mitglieder, die Bitte ehrerbietigst vorzutragen, es möge Hochdemselben gefallen, den von Herrn Professor Preyer in Jena im November 1870, von Herrn Professor Dr. Otto Nasse in Halle im Dezember 1870, von Herrn Professor Dr. L. Carius in Marburg am 11. März 1872, von Herrn Professor Dr. Hermann Ludwig in Jena am 27. und 30. März 1872 qualitativ untersuchten und chemisch rein befundenen Arzneikörper, welchen wir in Bezug auf seinen Urheber, zur Unterscheidung von im Handel befindlichen, weder in der ärztlichen, nach chemischen Literatur vertretenen gleichnamigen Fabrikaten und nach dem Vorgange des Herrn Professor Preyer (Deutsche Klinik No. 34 vom 24. August 1872) Dr. Lender'sches Ozonwasser nennen, einer mehrseitigen klinischen Prüfung anheimzugeben. —

Das quest. Präparat, dessen quantitative Analyse in den Berichten der Deutschen Chemischen Gesellschaft vom 24. Juni 1872 von Herrn Professor

Dr. L. Carius publicirt worden ist, hat sich, wie aus den im unterzeichneten Vereine stattgefundenen Discussionen und Krankenvorstellungen, sowie aus glaubwürdigen literarischen Quellen hervorgeht, bereits gegen Infectionskrankheiten, zumal gegen bösartige Diphtheritis, Typhus, acuten Gelenkrheumatismus, ferner gegen die Folgen chronischer Herzfehler so entschieden hilfreich erwiesen, dass seine desinficirenden und tonisirenden Kräfte einer immer weiteren Anerkennung wohl würdig sein dürften, wie auch die französische Pharmacopoe den Sauerstoff bereits obligatorisch eingeführt hat und englische Beobachter von den hervorragenden Wirkungen des Wasserstoffsuperoxyd's gegen Keuchhusten berichten, obgleich das letztgenannte Präparat in seinen oxydirenden Kräften dem Ozonwasrer überaus nachsteht.,'

Der Vorstand der Gesellschaft für Heilkunde.

Geh. Sanitätsrath Dr. Behrend, Vorsitzender. Geh. Sanitätsrath Dr. Simonson, Vicepräses.

Es kann somit nicht auffällig sein, wenn der durch seine treffliche Arbeit über die Tuberculose der Affen auch von uns Deutschen geschätzte Dr. M. Raynaud (Arzt des Hospitals La Riboisière zu Paris) schreibt; „j'ai expérimentée l'eau d'ozone avec interêt et je dois dire que dans un certain nombre de cas, j'ai cru en retirer de véritables avantages, notamment dans le traitement du Choléra." —

In einem von mir am 29. October d. J. in der Berliner medicinischen Gesellschaft gehaltenen Vortrage ist die Bereitung des Pulvers angegeben worden, welches in No. 23 d. H. zur Ozonisirung der Zimmerluft gedient hat: Zwei Theile reiner Oxalsäure werden mit einem Theile Mangansuperoxyd gemischt und auf das Sand- oder Dampfbad gestellt. Nach dem Entweichen der Wasserdämpfe wird die Mischung mit einem Pistill so lange gerieben, bis sie erkaltet ist und dann durch ein Haarsieb geschlagen. Zwei Theile des erkalteten und trocknen Pulvers werden mit einem Theile gröblich zerriebenen reinen übermangansauren Kali's gemischt und in Blechbüchsen gesammelt. —

In der Sitzung der Berliner medicinischen Gesellschaft am 29. October d. J. wurde mir erwiedert, dass es zur Zimmerdesinfection geeignetere Mittel, als Ozongas, gäbe; ich theile diese Ansicht nicht und stehe mit meiner Ansicht nicht allein. „Wir sind nicht um Mittel verlegen, sagt der Professor der Chemie, Dr. Gintl zu Prag, mit welchen wir mit Erfolg die im Wasser befindlichen Contagien bekämpfen; schlimmer steht es um die Waffen, die uns den gleichen Zweck bezüglich der Luft erreichen liessen. — Desinfection der Luft ist ein Problem, das heute seiner Lösung nicht näher gerückt ist, als zur Zeit, da man zu begreifen anfing, dass auch die Luft nicht schuldlos sei an der Verbreitung epidemischer Krankheiten. Wir kennen kein Mittel, das geeignet wäre, den vermeintlichen Feind in den Fluthen des Luftmeeres zu verfolgen und sicher zu vernichten, ohne dass es uns selber abträglich wäre; das einzige, von dem wir solche Leistung erwarten könnten, beherrschen wir nicht in dem Maasse, als wir müssten, um des Erfolges sicher zu sein. Dieses einzige Mittel ist das Ozon, jene eigenthümliche Modification des Sauerstoffs, die einen wesentlichen Bestandtheil gesunder Luft bildet. — Seine kräftig zerstörende Wirkung auf organische Substanzen lässt uns vermuthen, dass wir seiner Gegenwart in der Luft die sichere Zerstörung der miasmatischen und contagiösen Stoffe verdanken, die den Heerden der Fäulniss und Verwesung unausgesetzt entströmen; und die Thatsache, dass mit dem Auftreten von Epidemien fast ausnahmslos ein auffallend geringer Ozongehalt der Luft Hand in Hand geht, drängt uns zu der Annahme, dass solchem Ozonmangel allein die Anhäufung von Contagien und Miasmen in der Luft zuzuschreiben sei. —

Die moderne Wissenschaft hat vollen Grund, den Schwankungen des Ozongehaltes der Luft und der Ursache dieser Erscheinung, ihre volle Aufmerksamkeit zuzuwenden; lehrt sie uns noch die Bedingungen kennen, unter denen die Natur Ozon producirt, dann sind wir vielleicht dem Ziele näher, um den Kampf gegen Contagiem und Miasmen wirksamer führen zu können."

Carbolsäure ist kein Ozonid und besitzt nicht die geringste Fähigkeit, Luft zu ozonisiren, bindet vielmehr sehr energisch den Ozonsauerstoff unter Dunkelwerden, wie Werner Schmid bewiesen hat (Prof. Husemann's Arzneimittellehre p. 300); ausserdem ist sie nicht, wie der Ozonsauerstoff, „eine den Umsatz und Ersatz der Körperbestandtheile vermittelnde Substanz". — Die hervorragend oxydirende Eigenschaft des Ozon zeigen auch die Versuche Longlet's im Jahre 1870, nach welchen es explosive Substanzen, vorzugsweise die Nitroverbindungen, wie das Nitroglycerin (Dynamit), den Jodstickstoff, den Borstickstoff zersetzt und zum Explodiren bringt. Ein Gemenge von Luft mit wenig Ozon bewirkt blos eine langsame Oxydation und Zerlegung der Nitroverbindungen. Das gewöhnliche Sprengpulver kann mehrere Wochen in einer Atmosphäre liegen, bevor es ganz zersetzt wird (das Ozon etc. von Dr. Hammerschmidt p. 13).

Noch einiges aus Dr. Hammerschmidt's Ozon mag hier seinen Platz finden: 100 Kubikzoll Sauerstoff werden durch electrische Entladung auf 92 Kubikzoll vermindert, weil 8 Kubikzoll sich mit 16 vereinigen, um 16 Kubikzoll Ozon zu bilden. Wenn das Gas erhitzt wird, stellt sich das ursprüngliche Volumen wieder, weil die 16 Kubikzoll Ozon (O_3) 24 Kubikzoll Sauerstoff (O_2) liefern. — Nach der Aufsaugung des Ozons durch Quecksilber bleiben 92 Kubikzoll Sauerstoff zurück, weil das Quecksilber in die zwischen seinen Atomen sich befindenden Räume einen Theil der Atome des verdichteten Sauerstoffs aufnimmt (absorbirt), so dass der gewöhnliche Sauerstoff zurückbleibt. Wenn die 92 Kubikzoll ozonisirten Sauerstoffs über Terpentinöl gebracht werden, so nimmt der zurückbleibende Sauerstoff ein Volumen von nur 76 Kubikzoll ein, weil die 16 Kubikzoll Ozon (O_3) ganz absorbirt werden und 76 Kubikzoll unerregter Sauerstoff zurückbleiben.

Nach einem jüngsten Versuche Chabrier's werden auch die Atome des Wasserstoffgases durch Electrisirung in den Zustand der Erregung, der grösseren Bewegung versetzt. Ein solcher electrisirter Wasserstoff zeigt seine grössere Activität in seiner Verbindung mit dem atmosphärischen Stickstoffe zu Ammoniak und in der Reduction frisch bereiteten Silberoxydes, zwei Reactionen, die der gewöhnliche Wasserstoff nicht erzeugt. —

Freiherr von Hutten (Inaugural-Dissertation, Hannover 1872) zieht aus seinen Versuchen den Schluss: „Der Sauerstoff der Luft, activer, wie passiver, kann nur dann Oxydation des Eisens bewirken, wenn er in auf dem Eisen sich befindendem Wasser gelöst ist. — Kohlensäuregas als solches (Kohlensäureanhydrid) kann keine Oxydation des Eisens bewirken, sondern nur dann, wenn es im Wasser gelöst ist, wodurch es erst den Character einer Säure annimmt. — Ausser diesen beiden Ursachen des Rostens (Sauerstoff und Kohlensäure in gelöster Form) kann dasselbe noch durch Wasserzersetzung hervorgerufen werden, jedoch erst dann, wenn auf dem Eisen sich durch eine der genannten Ursachen bereits Eisenoxyd befindet oder wenn das Eisen solche Substanzen enthält, mit denen es ein Volta'sches Paar bildet." —

Es soll ferner eine Thatsache sein, dass es bei der Condensirung des Wasserdampfes zur Bildung von Ammoniak, von Salpetersäure und Ozon kommt, und daher die Luft an diesen drei Verbindungen viel reicher an Regentagen, wie bei trockenem Wetter, sein.

Schliesslich sei noch die Bereitungsweise der Flüssigkeit angegeben, mit welcher die aqua ozonisata zu prüfen ist: 1 Theil Stärke koche $^1/_2$ Stunde mit 1000 Theilen Wassers, setze sodann ein Theil Jodkalium zu, koche noch fünf Minuten und lasse sodann erkalten. —

Andrews und Tait, welche 1860 fanden, dass der Grad der Verdichtung des Sauerstoffs in directem Verhältnisse zur Menge des Ozons, das sich mittels des Durchganges der electrischen Entladung gebildet hatte, stand, stellten ferner fest, dass diese Verdichtung in keinem Falle $^1/_{12}$ des ursprünglichen Volumens des Sauerstoffs überschritt, dass dieses Maximum der Verdichtung nur durch die sogenannte stille electrische Entladung erhalten wurde und dass erst durch eine Erhitzung bis zu 228° Cels. das ursprüngliche Volumen des Sauerstoffs wieder hergestellt wurde. — Houzeau sagt in den Annal. de Chem. et Phys. Sept. 1872: dass der electrische Funke in der Luft nur Spuren von Ozon, vorzugsweise salpetrige Säure erzeugt, dass in der Luft Ozon in grösseren Mengen nur durch langsames Ausströmen der Electricität erhalten wird. Findet beim Gewitter ausser der Funkenentladung auch eine starke Ausströmung der Electricität statt? fragt Houzeau. — Nach den im „Atmosphärisches

Ozon" I. Theil niedergelegten Versuchen findet selbst in der gewitterfreien Zeit an den Spitzen der Blitzableiter eine Ozonproduction statt, welche stärker ist, als die der Umgebung. Diese Beobachtungen müssten auch an den Spitzen hoher Bäume wiederholt werden. — Houzeau macht an der angezogenen Stelle die weitere Mittheilung: „Dass Ozon ein constanter Bestandtheil der Atmosphäre ist, erklärt sich aus dem Umstande, dass constant ein electrischer Austausch zwischen den Wolken und der Erde stattfindet." Die Landluft soll nach Houzeau's Schätzung in 2 Meter Höhe vom Boden höchstens $^1/_{450000}$ ihres Gewichtes Ozon enthalten, während also das stärkste käufliche Ozonwasser nach Carius Rechnung (fast $\frac{1}{1000}$ Gewichtsprocent) fast $^1/_2$ Volumenprocent Ozongas enthält. Die Beobachtung Houzeau's, dass der electrische Funke in der Luft nur Spuren von Ozon, vorzugsweise salpetrige Säure erzeugt, ist noch jetzt auch von practischer Bedeutung. Ein College, zu Berlin, der Specialist für Electrotherapie ist, liess seine Patienten von electrischen Funken durchschlagene atmosphärische Luft in seiner Wohnung inhaliren, allein er hat von diesem Verfahren wegen seiner Wirkungen Abstand genommen. Wie früher das Sauerstoffgas wegen seiner Beimengungen als schädlich verurtheilt wurde, so hatte hier die Inhalation des vermeintlichen Ozongases natürlich böse Folgen. Allein diese Methode existirt noch. Am 13. d. M. schreibt mir ein College aus Wien: „Ich habe von Warmbrunn und Quilitz in Berlin eine Ozonröhre bekommen, also eine Glasröhre, welche, an beiden Enden offen, inwendig einen Kupfercylinder hat und auswendig mit Stanniol belegt ist. Das Ende des Kupfercylinders oder des inwendigen Platindrahtes wird mit einem Electroden von einem Rumkorf'schen Funkengeber, der 2—3 Centimeter lange Funken giebt, in Contact gebracht, mit dem anderen Pole des Rumkorf's verbindet man die auswendige Lage Stanniol oder das Ende des äusseren herumgewickelten Platindrahtes. Der Rumkorf wird durch eine entsprechende Batterie in Thätigkeit gesetzt und die durch die Glasröhre streichende Luft liefert so concentrirtes Ozon, dass, wenn Sie aus der Röhre unmittelbar inhaliren, Sie einen Erstickungsanfall bekommen. Auf diese Weise kann man sich das Zimmer wunderschön ozonisiren. Mein Rumkorf giebt 5—6 Centimeter lange Funken und wird durch eine sehr starke Chromschwefelsäure-Zinkkohlenbatterie in Thätigkeit gesetzt. — Die Frage, ob Ozon in den Blutstrom gelangt, oder in den zu passirenden Geweben absorbirt und zerlegt wird, scheint mir nicht die Bedeutung zu haben, welche man ihr beilegt. Es macht mindestens oxydirende Veränderungen in den Geweben und ist somit jedenfalls ein Sparmittel für das im Blute gebildete Ozon, das ja dann den anderen Organen natürlich zu Gute kommt. Wer sagt, dass man ein solch starkes Mittel nicht in den Blutstrom bringen dürfe, beweist, dass er kein Arzt ist, man braucht ihn nur daran zu erinnern, dass man Sublimat, Silbernitrat täglich anwendet. Nun sagen Sie, weshalb X. Ihrer Fiebertheorie nicht erwähnt, welche doch in Virchow's und Hirsch's Jahresbericht der gesammten Medicin erörtert ist?" — In Bezug auf die brieflich erwähnte Bedeutung des Ozons für unsere Gewebe sagt neuerdings Prof. Binz (Deutsch. Kl. p. 443 No. 48): „Es ist heute eine unbestreitbare Annahme, dass in unseren Geweben der Sauerstoff als O_1 vorkommt. Wohl überall, wo beim Warmblüter Oxydationen stattfinden, geschieht dies durch den sogenannten activen Sauerstoff (das Clausius'sche Ozon O_1). Selbst Hoppe-Seyler hat sich in Pflüger's Archiv 1873. Band 7. p. 415 zu Gunsten dieser Auffassung erklärt. Er unterstellt „Ozon in den Organen," findet also sogar das verdichtete Molekül O_3 zulässig." —

Montegazza veröffentlicht in der italienisch-lombardischen Zeitschrift (siehe Hammerschmied), dass die aromatischen Substanzen unter dem Einflusse der Sonnenstrahlen, weit weniger unter dem des diffusen Lichtes, fast gar nicht unter dem der Dunkelheit Ozon entwickeln, dass geruchlose Blumen daher kein, schwach riechende sehr wenig Ozon produciren. Inficirte Häuser sollen mit stark riechenden Blumen umgeben werden — nach Montegazza —, Personen, welche durch an Fieber reiche Sumpfgegenden zu gehen haben, sollen ihre Kleider mit aromatischen Tincturen befeuchten, welche lange Zeit hindurch in einem offenen Gefässe der Sonne ausgesetzt waren.

Greifen starke Riechstoffe, fragt Hammerschmied, deshalb die Insecten (Wanzen, Flöhe, Schaben, Krätzmilben) an, weil sie Ozon übertragen?

Ozon entwickelt sich auch nach Than bei Substanzen, welche vermöge ihres Wasserstoffgehaltes rasch verbrennen z. B. durch die Flamme eines Bunsen'schen Brenners, eine Weingeistflamme, selbst eine Kerzenflamme, zumal in der Luft, welche die unteren zwei Drittel der Flamme umgiebt. —

Hammerschmied behauptet (p. 75), dass die Cholera sich nie primär auf den auf hoher See befindlichen Schiffen entwickelt habe, dass sie nur vom Lande auf Schiffe eingeschleppt würde, dass sie binnen 8—14 Tagen verschwände, nachdem das Schiff in See gegangen, (doch wohl nur, wenn das Schiff sehr reinlich gehalten worden ist und gehalten wird), — dass Wälder ein kräftiger Schutzdamm gegen Epidemien seien und dass, weil dem Ozon die Rolle des Kämpfers gegen Miasmen und Contagien von der Natur zugewiesen sei, wir uns auch dieses Kämpfers in der Abwehr desselben Feindes bedienen müssen. Hagedorn behauptet in seinen: Die physicalischen Wirkungen der Wälder jüngst im Pr. landw. Wochenblatt, dass in bewaldeten Gegenden die absolute Menge des verdunstenden Wassers sechs Mal grösser sei, als im Winter, dass Wälder auch durch ihre massenhafte Sauerstoffentwicklung deshalb notorisch mehr, wie freie Gegenden, vor Cholera schützten, „weil Miasmen durch starke Ozonbildung in der Luft zerstört werden." —

Nach Hammerschmied haben mehrere Beobachter in der Polargegend beim Erscheinen des Nordlichtes den Ozongeruch wahrgenommen, „welcher Geruch nur auf einer Verdichtung und lebhaften Bewegung des in den niedergezogenen Luftmassen enthaltenen Sauerstoffs seinen Grund haben kann." —

Nach der Theorie von Odling und Soret, nach welcher das Molekül Ozon drei Atome Sauerstoff, das Molekül Sauerstoff nur zwei Atome Sauerstoff enthält, rührt die stärker oxydirende Kraft des Ozons daher, dass das Molekül Ozon sein drittes Atom Sauerstoff an die oxydablen Körper leichter abgiebt, als das Molekül Sauerstoff eines seiner beiden Sauerstoffatome. Ozon oxydirt z. B., was ärztlich wichtig ist, Ammoniak zu Salpetersäure und Wasser, ein Beweis, dass es mit Stickstoff gleich die höchste Oxydationsstufe (NO^5) herstellt. Diese verstärkte oxydirende Kraft ist, da die Anzahl der Atome in einem Molekül das Gewicht desselben bestimmt, nach dem Newton'schen Gesetze zu deuten, demgemäss je zwei materielle Theilchen sich mit einer Kraft anziehen, welche ihren Massen direct und dem Quadrate ihres gegenseitigen Abstandes umgekehrt proportional ist. Nimmt das lebendige Blut das Ozongas nun nach Weise des Quecksilbers oder nach Weise des Terpenthinöles auf? Weil eine Lösung von Globulin Ozon (z. B. das Ozon des ozonisirten Terpenthinöles auf Indigotinctur) nicht überträgt, hat das Hämatin einen wesentlichen Antheil durch seinen Eisengehalt an der Wirkung des Blutes oder einer Hämoglobinlösung, Ozon zu übertragen? Da auch die weissen Blutzellen der wirbellosen Thiere, das Chlorophyll, die Pilze nach Boussingault (Comptes rendus 27. Mai 1872) eisenhaltig sind, Eisen andererseits eine grosse Anziehung zum Kohlenstoff, zum Sauerstoff, also auch zur Kohlensäure hat, ist es das Eisen, welches die Stoffe aus dem unorganischen Reiche innerhalb der chlorophyllhaltigen Zellen in's organische und durch die hämatinhaltigen Blutzellen aus dem organischen Reiche in das unorganische führt? fragt Hammerschmied. —

Mit Rücksicht auf die in No. 31 p. 288 und 289 gegebenen Ausführungen und auf meine Bemühungen, die höheren Luftschichten durch einen Luftballon zu messen (Atmosphärisches Ozon, I. Theil, p. 22), erfolge hier die Schilderung der Luftballonfahrt, welche Glaisher am 5. September 1862 von Wolverhampton in England aus mit Coxwell unternommen:

Um 1 Uhr 3 Minuten Nachmittags stiegen wir auf. . . Zehn Minuten nach unserer Abfahrt schwammen wir in einem undurchdringlichen Wolken-Chaos. Allmälig jedoch lichtete sich die Finsterniss, bis wir um 1 Uhr 17 Minuten uns auf einmal von blendendem Sonnenglanz überfluthet sahen.

Um 1 Uhr 21 Minuten hatten wir eine Höhe von 3218 Meter

erreicht. Wir waren folglich mit einer durchschnittlichen Geschwindigkeit von 210 Meter in der Minute gestiegen. Aber nun begann sich auch die Erde wiederum durch die mannigfachen Zwischenräume zu zeigen, welche bei unserer fortgesetzten Auffahrt in den Wolken hervortraten.

Die Temperatur war auf Null gesunken und die Luft ausserordentlich trocken. Um 1 Uhr 28 Minuten hatten wir uns auf 4800 Meter, also fast zur Höhe des Montblanc erhoben. Es war das Werk von 25 Minuten. Aber wie viele Mühen und wie viele Zeit würde der Alpensteiger haben daran setzen müssen, um das gleiche Ziel zu erreichen! Wir fühlten keinerlei Beschwerde und hätten stundenlang in dieser Höhe schweben können, wenn wir nicht den Ehrgeiz gehabt hätten, noch weiter zu steigen. Die Luftschichten um uns her enthielten wenig Ozon. Schönbein's reagirendes Papier zeigte sogar Null. Um 1 Uhr 34 Minuten bemerkte ich, dass Coxwell allmälig ermattete. Kein Wunder, denn er war während der ganzen Zeit mit der Lenkung und Ueberwachung des Ballons beschäftigt gewesen. Um 1 Uhr 39 Minuten erreichten wir 6437 Meter d. h. die Höhe des Chimborasso. Das Thermometer zeigte 13 Grad C. unter Null. Wir warfen rasch Sand aus, und 10 Minuten genügten uns, um weiter bis zur Höhe des Dhawalagiri aufzusteigen. Eine Kälte von 19 Grad C. (etwas über 15 Grad R.) umgab uns. Wir waren bis zu derjenigen Temperatur gelangt, in welcher die englischen Physiker für gewöhnlich die Grenze der thermometrischen Excursionen (sehr seltene Winter ausgenommen) erblicken. Kaum dreiviertel Stunden früher hatten wir noch auf fester Erde die milde Luft geathmet, um derentwillen Altenglands Herbsttage so gepriesen werden.

Bis jetzt hatte ich meine Bemerkungen ohne Schwierigkeit niedergeschrieben, während meinen Begleiter, wie schon gesagt, die Kräfte zu verlassen begannen. Es dauerte jedoch nicht lange, so ward es mir selbst unmöglich, die Quecksilbersäule des Thermometers, die Zeiger der Uhr oder die Gradtheilungen irgend eines meiner Instrumente zu erkennen. Ich bat Coxwell, mir behülflich zu sein, allein infolge der wirbelnden Bewegung des Ballons, welche seit unserer Fahrt nicht aufgehört hatte, war das Seil des Ventils in Verwirrung gerathen, und Coxwell musste daher aus der Gondel auf den Reifen steigen, um dasselbe wieder zu ordnen. Ich wendete meine Aufmerksamkeit von Neuem dem Barometer zu. Aber es galt, alle Energie der Seele gleichsam im Auge zusammenzudrängen, bis ich mich endlich aus dem Stande des Instrumentes überzeugte, dass wir die ungeheuere Höhe von 11,000 Meter oder 36,672 Pariser Fuss erreicht hatten.

Erschöpft wollte ich mich mit dem rechten Arm auf den Tisch stützen. Ich vermochte es nicht. Dieser Arm, der soeben noch seine ganze Stärke besass, hing machtlos wie gebrochen herab. Ich versuchte den linken Arm zu gebrauchen; — er war in gleicher Weise gelähmt. Ich suchte nun den Körper zu bewegen, und dies vermochte ich wirklich bis zu einem gewissen Punct, wiewohl ich eine Empfindung hatte, als besässe ich keine Glieder mehr. Sofort richtete ich die Blicke wieder auf das Barometer; allein während mein Auge noch die Ziffern suchte, sank mir der Kopf auf die linke Schulter, und mein Rücken lehnte am Rande der Gondel. Es war klar: die Lähmung griff weiter um sich. Hatte ich mich bis dahin stets noch wenigstens über alle Bewegungen des Rückgrats und des Halses vollkommen Meister gefühlt, so war ich nun jedweder, auch der leichtesten Regung unfähig geworden. Coxwell's Gestalt verschwamm mir zum Schatten, und als ich versuchte mit ihm zu sprechen, versagte selbst die Zunge den Dienst. Gleich darauf umhüllte mich düstere Finsterniss; der Sehnerv hatte seine Kraft verloren. Dennoch besass ich die vollste geistige Klarheit, und mein Hirn war eben so thätig wie jetzt, da ich diese Zeilen schreibe. Ich glaubte, nur ein augenblickliches Verlassen der todbringenden Regionen könne mich retten. Zugleich drängte sich eine Menge anderer Gedanken heran, plötzlich aber verdunkelte sich mein Bewusstsein, wie wenn ein tiefer Schlaf mich umfinge. Vom Gehörsinn kann ich nicht sprechen: denn das Schweigen, welches in jenen Fernen herrscht, ist ein so tiefes, dass kein Laut mehr das Ohr erreicht.

Meine letzte Notiz machte ich 1 Uhr 54 Minuten in einer Höhe von 36,632 Pariser Fuss. Ich glaube es vergingen eine oder zwei Minuten, ehe meine Augen aufhörten, die kleinen Eintheilungen des Thermometers zu sehen, und es war sonach höchst wahrscheinlich 1 Uhr 57 Minuten, als ich in den Schlaf versank, der ewig sein konnte.

Plötzlich hörte ich die Worte „Temperatur“ und „Beobachtung“. Ich merkte, dass Coxwell mit mir sprach. Aber ihn zu sehen, vermochte ich nicht, und noch weit unmöglicher war es mir, ihm zu antworten oder mich zu bewegen. „Versuchen Sie es jetzt!“ rief er mir zu, „versuchen Sie es!“ Ich erkannte nun undeutlich die Instrumente, bald auch die anderen Gegenstände, und jetzt erhob ich mich schwer und langsam, wie wenn ich einen Alp abschüttelte. „Ich war ohnmächtig geworden“, sagte ich. „Allerdings“, antwortete Coxwell, „und es hätte nicht viel gefehlt, so wäre ich es auch geworden.“ Er erzählte mir nun, dass er den Gebrauch seiner Hände verloren, und dieselben waren in der That fast schwarz geworden. Während er auf dem Reifen gesessen, war er plötzlich von einer furchtbaren Kälte gepackt worden, zugleich hatte sich dickes Eis auf den Stricken und und um die Mündung des Ballons abgelagert. Ausser Stande, sich seiner Hände zu bedienen, musste er sich auf den Ellbogen in die Gondel herabgleiten lassen, und als er mich hier zurückgelehnt sitzen sieht, in den Zügen den Ausdruck heiterer Ruhe, glaubt er, ich sammle mich eben, und redet mich an.

Aber ich schweige; mein Kopf und meine Arme hängen herab; ich liege in tiefer Ohnmacht. Er versucht umsonst sich mir zu nähern.

Nun will er schleunig das Ventil öffnen, um den Ballon in mildere Regionen hinabzuführen. Doch die starren Hände widerstreben, und erst als es ihm gelingt, das Seil mit den Zähnen zu fassen, vermag er des Ventils Herr zu werden.

Meine letzte Notiz verzeichnete ich im Fallen bei 8838 Meter. Dies ist (bis auf 2 Meter) die Höhe der erhabensten Bergspitze der Erde, des Ganrisenkar in Nipal, zu dessen Fuss die brahmanischen Pilger emporklimmen, um dort, der Gottheit nahe, zu sterben.

Beschäftigen wir uns jetzt mit der Temperatur, welche in dieser in den Annalen der Aërostatik bisher noch beispiellosen Höhe herrschte.

Wenn ich nun die Höhe zu berechnen suche, in welcher diese Temperatur von 25 Grad C. unter Null (oder völlig genau 24,4 Grad) herrschte, finde ich die Ziffer von 11,277 Meter oder etwa 36,750 Pariser Fuss. Man mag dies ein grosses Resultat nennen. Allein ich zweifle nicht, es werde einem späteren Geschlechte gelingen, Beobachtungen selbst in denjenigen Regionen anzustellen, in welchen ich leblos zusammensank. Es wird ein Tag kommen, an dem die Aëronauten mich ebenso übertreffen werden, wie ich Barras und Bixio übertroffen habe, und wie diese ihrerseits höher vorgedrungen waren, als Sakarow und Gay-Lussac. Wer möchte auch der menschlichen Thätigkeit Grenzen ziehen und den Punct bestimmen wollen, wo die Natur zu den Luftschiffern sagt: „Bis hierher und nicht weiter!"

Die Versuche, welche in Kissingen gemacht wurden, um festzustellen, ob die Reibung der ausströmenden Kohlensäure den Sauerstoff der benachbarten Luft zu einem Theile zu ozonisiren vermöge, hatten, wie früher genauer erörtert ist, nicht gestattet, den Satz aufzustellen, dass durch Reibung Ozon producirt werde. Die Scharrat'sche Porenventilation des Berliner Friedrich Wilhelmstädtischen Theaters gab Gelegenheit, den Versuch in anderer und grösserer Weise zu wiederholen. — Am Eingange des oberen Theiles des Schachtes, der auf dem höchsten Boden beginnt, und zwar vor der Filtrationseinrichtung, — unten im Luftschachte d. h. 50 Fuss tiefer, wie vorher in der Temperirkammer hinter dem Ventilator, welcher bekanntlich durch Dampfkraft getrieben wird, — in der Heizkammer und im zweiten Rang wurden Reagenzpapiere am 17. October 1872 aufgehängt und drei Stunden hindurch der von Oben einströmenden gewaltigen Luftmasse, über deren Grösse Herr Scharrath genaue Auskunft geben wird, ausgesetzt; die Papiere blieben ungefärbt. Dieses Experiment zeigte zugleich, dass zur Zeit der Messung auch die oberhalb des genannten Theaters befindliche Luft trotz der empfindlichsten Papiere Ozon in nachweisbarer Menge nicht enthielt; das Theater liegt hart an einem der foetiden Wasserläufe Berlins. — Wie ganz anders lauteten die Berichte aus Wiesbaden: Am 1. August 1873 schrieb Herr M. Schulze, von dem die früheren Beobachtungen in Mentone und Meran herrühren: Die Messungen habe ich Sonnenbergerstrasse No. 13a nur zeitweise angestellt, sie ergaben meist nach 12 Stunden No. 10—12. Eine Thatsache muss ich hervorheben: „In unserem Schlafzimmer habe ich einige Male während der Nacht Papiere an einem vom Fenster entfernten Puncte aufgehängt. Am folgenden Morgen, obgleich ich und meine Frau in dem Zimmer geschlafen hatten, fand ich die Ränder des Papiers No. 5 bis 6 der Scala gefärbt. Das Schlafzimmer ist 16′ breit, 18′ lang, $12\frac{1}{2}$ Fuss hoch mit einer breiten Balkonthüre versehen.“ Von dieser Thatsache, dergemäss also in einer bewohnten Wohnung während der Nacht nach Verschluss der Fenster und Thüren und vor Oeffnung der Thüren und Fenster an (12 Stunden hindurch) aufgehängten Papieren Ozon nachweisbar sein kann, sobald die das Haus umgebende Luft sehr ozonreich ist, habe ich mich in Wiesbaden wiederholt während der Naturforscherversammlung überzeugt. — Wie nun ein Aufenthalt im Gebirge nicht immer ausreichend ist, ein inveterirtes quartanes Wechselfieber zu beseitigen, so ist nach meiner Erfahrung auch selbst eine Wohnung auf reinstem Boden, in freiester Lage, in ozonreichster Luft nicht immer ausreichend, eine selbst geringe chronische Spitzentuberculose zum Stillstand zu bringen, ich meine, es bedarf in beiden Fällen oft noch der künstlichen Zufuhr von Ozongas, um örtliche und im Allgemeinzustande befriedigende Wirkungen zu erhalten. — Ja in der oben besprochenen Wiesbadener Wohnung trat im October d. J. — höchst wahrscheinlich aus der Schule importirt — Diphtheritis auf, ein Kind starb unter Erscheinungen der Lähmung, zwei befallene Kinder genasen, eins blieb gesund. —

Zu den Forschern, welche die Löslichkeit des Ozons in Wasser bestätigen, ist Schöne (Berichte der Deutschen Chemischen Gesellschaft No. 15. 1873) getreten. Er experimentirte mit Ozon das durch sogenannte stille Entladung aus trocknem reinem O erhalten wurde. Verfasser nimmt an, dass in den Fällen, wo man nach dem Durchleiten von Ozon durch Wasser dasselbe nicht nachweisen konnte, der Grund der war, dass das Wasser eine geringe Menge von N enthielt, da letzteres Gas durch Ozon in Salpetersäure verwandelt wird. Verf. erhielt den reinen O mittelst Electrolyse einer grossen, mit Schwefelsäure versetzten Menge reinen Wassers. Um das Wasser vollständig von Luft zu befreien, entwickelte er zuerst ungefähr 20 Liter O, der den ganzen Apparat von Luft befreite und auch das zur Absorption dienende Wasser durchstrich; dann erhitzte er das Wasser und unterwarf es während des Erkaltens der Electrolyse. Auf diese Weise erhielt er N-freien Sauerstoff. Die Menge des Ozons sowohl im Gase, als auch im Wasser wurde mittelst einer neutralen Lösung von Jodkalium und ($Na2\ S2\ O3$) Natronhyposulfit bestimmt.

Verf. kommt aus einer Reihe sorgfältig ausgeführter Versuche zu folgenden Schlüssen: Das Ozon wird beim Durchleiten durch Wasser theilweise zerstört. Leitet man ozonisirte Luft durch Wasser, so vermindert sich die Menge des Ozons um $\frac{1}{4}$, bei längerem Durchleiten verschwindet noch mehr. Ozon wird sowohl von kaltem, als auch von Wasser von Zimmertemperatur absorbirt. Die Verminderung des Ozons beim Durchleiten durch Wasser muss man der zersetzenden Wirkung des Wassers zuschreiben. Ozon oxydirt das Wasser nicht zu Wasserstoffsuperoxyd." —

Den Gedanken, durch Terpenthinöl, weil es in der Luft verbreitet den Ozongehalt vermehrt, bewohnte Räume zu desinficiren, hat ausser Pfeuffer in München auch W. Ireland (Edinb. Med. Journal 1863 p. 729) gehabt. Dr. Poppler in Prag: Der Staub in der atmosphärischen Luft. (Oesterreichische Zeitschrift für practische Heilkunde No. 47 und 51 Nov. Decb. 1872) nennt als Schutzmittel gegen die in der Luft vorhandenen Krankheitserreger nach der Ventilation die Luftreinigung durch Filtriren, durch Ozon und ähnliche Desinfectionsmittel. Dr. Lionel Beale (Arzt am Kings Coll. Hosp.) (Disease Germs, their nature and origin. London Churchill 1872) theilt den Bericht des Dr. Crookes (Regierungsbevollmächtigten bei der Rinderpest) mit, welcher sagt, dass das flüchtige Rinderpestgift nur durch flüchtige Mittel zu zerstören ist; zu den besten zählt er auch das Ozongas. —

Dr. med. Reyher (wohl der verdienstvolle Uebersetzer von Demarquay's medicinischer Pneumatologie) sagt im neuen Blatt 1873: „es wäre vielleicht erfolgversprechend, die überall localen Heerde bei Choleraepidemien von Zeit zu Zeit gründlich durch Ozon zu reinigen." Zur Vernichtung des Geruchs der Leiche einer an Brustkrebs Verstorbenen bis zur Stunde der Beerdigung habe ich kürzlich statt des Chlors Ozon anwenden lassen. —

Professor Husemann's Arzneimittellehre berücksichtigt zum ersten Male das Ozon: „Die Oxydation gewisser Stoffe im Organismus kann eine vollständige oder unvollständige sein oder nach Bildung von verschiedenen Oxydationsstufen, analog mit denen, welche ausserhalb des Körpers durch Einwirkung von Ozon gebildet werden, eine vollständige werden. — Schwefelnatrium wird schwefelsaures Natron, schwefligsaure Alcalien oxydiren zu schwefelsauren Salzen, salpetrigsaure Salze zu salpetersauren Salzen, — neutrale pflanzensaure Alcalien zu kohlensauren Alcalien, Benzol scheint zu Carbolsäure oxydirt zu werden. — Ob das von Liebig entdeckte Chloral wirklich im Blute diejenige Spaltung erleidet, welche unter dem Einflusse kaustischer Alcalien ausserhalb des Thierkörpers zu Stande kommt oder ob es dem Einflusse des activen Sauerstoffs eher unterliegt, als dem des Alcali's, ist zweifelhaft." Wenn im Fieberparoxysmus Spirillen im Blute auftreten, ausserhalb des Paroxysmus nicht, so bestätigt dieses eine von mir früher — wegen der im Fieber auftretenden Fettdegenerationen ausgesprochene — Ansicht, dass die Oxydationsgrösse mit der Dauer des Fiebers zunehmend unter das normale Bedürfniss der Organe nach Sauerstoff sinkt. „In dem Stadium der Agonie kann die Oxydation im Blute so behindert sein, die Zufuhr von Sauerstoff zum Blute durch gestörte Athmung so gering sein, dass die in der Regel stattfindende Oxydation gewisser Körper nicht stattfindet. — Chinin erscheint im Harn theils als amorphes Chinin, theils oxydirt als Dihydroxylchinin wieder. Xylol oxydirt sich zu Toluylsäure. Begreiflich ist, dass in der Reihe der Kohlenwasserstoffe, welche inhalirt Anästhesie und Schlaf verursachen, die Gefahr der Asphyxie zunimmt mit der Zunahme des Kohlenstoffs (d. h. Methylwasserstoff (CH^4) macht am schwersten, Caprylwasserstoff (C^6H^{14}) am leichtesten Asphyxie) (Richardson) — und dass der Alcohol, in geringen Mengen genossen, völlig zu Kohlensäure und Wasser oxydirt wird, in grossen Mengen jedoch zum Theil ein Organodecursor und unverändert durch die Secrete, auch durch den Urin abgeschieden wird (Lieben)". Wenn Sauerstoff bei Anhäufung von Kohlensäure im Darm ein carminativum ist, so ist er es durch Tonisirung der Darmmusculatur, bei Metorismus durch Schwefelwasserstoff, der hie und da vorkommt, würde Ozonwasser zumal per anum zu empfehlen sein. — Wenn Sauerstoff eine Cyanose beseitigt, so ist nicht allein seine Kraft, die Blutscheiben unmittelbar, das Herz mittelbar von der ermüdenden Kohlensäure zu befreien, sondern auch seine tonisirende Wirkung auf's Centralorgan des Gefässsystems in Betracht zu ziehen, durch dessen Schwächungszustand die peripheren Gefässe erweitert, die Blutbewegung, der Blutdruck, die Oxydationen in denselben so vermindert werden, dass Livität, Cyanose der äusseren Haut eintritt. —

Auffallend sind manche Reductionsprocesse im Organismus: Kaliumeisencyanid erscheint im Harn als Kaliumeisencyanür, Eisensesquichlorid, Gold- und Palladiumchlorid werden zu Eisensesquichlorür, Gold- und Palladiumchlorür; sie beweisen, wie überaus gross die Anziehungskraft unseres Körpers zum Sauerstoff ist. —

Sassnitz. Die vier letzten Tage des August 1872 ergaben nach 6 Stunden Beobachtungszeit auf dem Meere $9\frac{1}{2}$ im Mittel, an der Küste $7\frac{1}{2}$ im Mittel. — Die ersten drei Tage des September auf dem Meere im Mittel $11\frac{1}{3}$, an der Küste 9. — Vom 4—9. September nach 12 Stunden BZ. auf dem Meere $11\frac{2}{3}$, an der Küste $10\frac{1}{3}$ im Mittel. — Am 10. Tage des September nach 6 Stunden BZ. auf dem Meere 12, an der Küste 10,1. — Am 11. September auf dem Meere 9, an der Küste 9 nach 12 Stunden BZ. — Es herrschte vom 28. August bis 24. September 7 Mal NW, 10 Mal SW, 3 SO, 6 O, 1 NO, 4 W, 1 N, am 9. September Sturm, am 12. Regen. — Am 31. August Gewitter. — Am 24. September Ende der Saison bei 9° Wasserwärme. — Vom 25. September an ist nicht gemessen worden. —

October. Beobachtungsort die Küste.

				Ozongehalt	Windrichtung	
12 Stunden	BZ.	1—4. Octbr.	Mittel	12.	7 O.	1 mal Sturm und
11 „	BZ.	4 Tage	„	$10\frac{1}{2}$.	7 SO.	6 mal Regen.
10 „	BZ.	7 „	„	12.	4 S.	
9 „	BZ.	3 „	„	$11\frac{1}{3}$.	4 SW.	
8 „	BZ.	5 „	„	$13\frac{2}{5}$.	3 NO.	
7 „	BZ.	1 Tag (22. Oct.)	„	11.	3 NW.	
12 „	BZ.	6 Tage	„	12.	1 Windstille.	
					1 West.	

November. Tags:

12 Stunden	BZ.	25 Tage	Mittel	$11\frac{1}{5}$	Windrichtung W 6.	5 mal Sturm.
10 „	BZ.	1 Tag	„	11	SW 6.	5 mal Regen.
9 „	BZ.	2 Tage	„	11	NW 3.	
7 „	BZ.	1 Tag	„	13	SO 9.	
					O 1.	
					NO 3.	
					S 1.	
					Windstelle 1.	
					O 1.	

November. Nachts:

12 Stunden	BZ.	25 Tage	Mittel	$11\frac{4}{5}$	Windrichtung W 2.	7 mal Sturm.
9 „	BZ.	2 „	„	$10\frac{1}{2}$	SW 10.	8 mal Regen.
					NW 4.	
					SO 6.	
					NO 3.	
					O 2.	
					S 3.	

December.

12 Stunden	BZ.	11 Tage	Mittel	$11\frac{4}{11}$	Windrichtung	4 mal Sturm.
11 „	„	4 „	„	$12\frac{3}{4}$	S 3.	7 mal Regen.
10 „	„	2 „	„	10	SW 7.	
9 „	„	5 „	„	$9\frac{1}{5}$	SO 8.	
8 „	„	1 „	„	10	NO 1.	
7 „	„	4 „	„	$9\frac{1}{2}$	N 1.	
$7\frac{1}{2}$ „	„	1 „	„	9	O 2.	
$6\frac{1}{2}$ „	„	2 „	„	$12\frac{1}{2}$	Windst. 5.	
6 „	„	1 „	„	13	W 4.	

Januar.

12	Stunden	BZ.	7	Tage	Mittel	$12\frac{4}{7}$	Windrichtung	3 mal Sturm.
11	"	"	1	Tag	"	13	W 10.	6 mal Regen.
10	"	"	5	Tage	"	$12\frac{1}{5}$	SW 10.	
9	"	"	9	"	"	11	S 1.	
8	"	"	4	"	"	$11\frac{1}{4}$	SO 2.	
7	"	"	1	"	"	13	O 4.	
$7\frac{1}{2}$	"	"	1	"	"	12	NO 2.	
$6\frac{1}{2}$	"	"	1	"	"	11	Windstille 1.	
6	"	"	1	"	"	11.		

Februar.

12	Stunden	BZ.	11	Tage	Mittel	$11\frac{7}{11}$	Windrichtung W 5.	3 mal Sturm.
11	"	"	11	"	"	13	NW 6.	5° Kälte im
10	"	"	3	"	"	$12\frac{1}{3}$	SW 4.	Maximum.
9	"	"	2	"	"	$11\frac{1}{2}$	SO 6.	5 mal Regen
8	"	"	6	"	"	$12\frac{2}{3}$	O 3.	oder Schnee.
1	"	"	7	"	"	8	S 1.	
1	"	"	$6\frac{1}{2}$	"	"	11	Windstille 1.	

März.

12	Stunden	BZ.	14	Tage	Mittel	$12\frac{4}{7}$	Windrichtung O 10.	6 mal Sturm.
11	"	"	2	"	"	11	SO 5.	
10	"	"	5	"	"	$12\frac{4}{5}$	NO 8.	
9	"	"	4	"	"	$11\frac{1}{4}$	SW 1.	
8	"	"	3	"	"	$12\frac{2}{3}$	S 2.	
6	"	"	2	"	"	$10\frac{1}{2}$	W 1.	
							Windstille 3.	

April.

12	Stunden	BZ.	10	Tage	Mittel	$11\frac{4}{10}$	Windrichtung	11 mal Sturm.
11	"	"	3	"	"	10	NO 8.	
10	"	"	4	"	"	12	O 8.	
9	"	"	1	"	"	13	Windstille 1.	
8	"	"	3	"	"	$11\frac{1}{2}$	NW 9.	
7	"	"	2	"	"	12	SW 2.	
6	"	"	4	"	"	$12\frac{1}{4}$	S 1.	

In dem überaus ozonreichen Sassnitz genügt daher eine sechsstündige Beobachtungszeit, um die höchsten Nummern der Scala hie und da zu erhalten. — Das 1043 Fuss über dem Meere gelegene Herrnhut hatte im März, April, Mai, Juni 1873 nach den Mittheilungen des Herrn Apothekers Kinne einen Ozongehalt im Mittel von 9—11 der Scala (Beobachtungszeit 24 und 12 Stunden). — Die Sassnitzer und Herrnhuter, auch Wiesbadener (Januar und Februar 1873) Ozonmessungen sollen in einer grösseren Arbeit genau mitgetheilt werden. —

Sind die bisherigen Arbeiten nun bereits ausreichend, dem Ozongase eine sichere Stelle im Deutschen Arzneischatze anzuweisen? Das Handbuch der Arzneimittellehre von Prof. Waldenburg und Dr. Simon 1873 erwähnt zum ersten Male des Ozongases und der aqua ozonisata, — das Handbuch der gesammten Arzneimittellehre des Prof. Dr. Th. Husemann (Berlin bei Springer 1874) bejaht obige Frage d. h. es bespricht Wirkung und Anwendung des Ozonsauerstoffs in eingehendster Weise. Seite 264 sagt Prof. H.: Nachdem es gelungen ist, das Ozon in einer passenden Form anzuwenden, kommt demselben offenbar mehr, als dem Sauerstoff, die Benutzung als Desinficiens zu, — p. 266 heisst es ungefähr: die Einführung des schon früher mehrfach als das grosse Desinfectionsmittel der Natur bezeichneten Ozonsauerstoffs in die Therapie ist eine Thatsache; derselbe wird auch für ein besseres Tonicum, als der Sauerstoff, gehalten, — p. 267: der Ozonsauerstoff wird in Form des Ozonwassers, welches von Krebs Kroll in Berlin fabrikmässig dargestellt wird und wirklich Ozon enthält (Carius, Proyor, Ludwig), angewendet als aqua ozonisata simplex und concentrata; zur Entwicklung von Ozon in Krankenzimmern wird ein Pulver (etc.) benutzt u. s. w. u. s. w. — So hat es denn der Arbeit von fünf Jahren (im December 1869 schrieb ich die Vorrede zu der ersten Auflage: Das unreine Blut und seine Reinigung durch negativ-electrischen Sauerstoff) bedurft, um dieses Ziel zu erreichen. —

Auch der Sauerstoff ist in seiner medicinischen Bedeutung 264, 65, 66 überaus eingehend von Prof. Husemann behandelt. — Waldenburg und Simon sagen p. 175: „schon im achtzehnten Jahrhundert hat Odier Sauerstoffwasser gegen Dyspepsie, Gastralgie und andere Neurosen gerühmt, gegen Asthma, Schwächezustände u. s. w.“; p. 351: „heute empfehlen Birch, Hooper, Demarquay und andere das gas oxygenii gegen Dyspnoe, Vergiftung durch Chloroform, Krankheiten des Herzens, Diabetes (Scelles), Albuminurie, Chlorose, septische Krankheiten, Diphtheritis u. s. w.“ — Diese Empfehlungen haben nichts Auffallendes, wenn die elementaren Wirkungen des Sauerstoffs, wie sie in No. 13 der Deutschen Klinik 1871 erörtert sind, als solche anerkannt werden. — Beide Gase: Oxygenium und Ozonum sind kein remedium universale, allein wegen ihrer Assimilirbarkeit, ihrer physiologischen Bedeutung, wahrscheinlich dynamischen Wirkung haben sie einen ausgedehnteren therapeutischen Werth, als irgend ein anderer wägbarer Arzneikörper; ausserdem ist es eine unabweisbare Consequenz, dass, je mehr beide Gase Anwendung finden, um so mehr die toxische Bedeutung der Kohlensäure für Blut und Nervensystem erkannt werden wird; und sie werden um so mehr Anwendung finden, je feindlicher die oxydabelen Körper der scheinbar besten Stubenluft beurtheilt werden. — Wer sich gezwungen sieht, jeden Athemzug im geschlossenen Raume für schwächend und inficirend zu halten, wird die aqua oxygenata saturata und selbst die aqua ozonisata simplex ad libitum geniessen lassen und als diaetetische Wässer beurtheilen. Und so ist es begreiflich, wenn Prof. Dr. Richter aus Dresden schreibt, dass er die aqua ozonisata simplex statt Sodawassers trinken lässt, wenn ich auch zugebe, dass für erregbare Naturen nur die aqua oxygenata oder die aqua ozonisata diaetetica sich eignet. — Auf der Wirkung des Ozons beruht — nach Prof. Husemann p. 267 — die desinficirende Action mancher Stoffe und er rechnet zu diesen das Terpenthinöl, andere ätherische Oele, vielleicht auch die Theerarten. —

Es ist ferner daran zu erinnern, dass bei inveterirter Lues Vincenti und Heyfelder von dem Ozonid: Kali bichromicum, Andere von der oxydirenden Salpetersäure entschiedene Erfolge gesehen haben. — Ist in diesen Fällen vielleicht indirect erreicht worden, was jetzt direct erreichbar ist? Nur durch die Arbeit Vieler kann festgestellt werden, was in die Wirkungssphäre der beiden Gase fällt.

Welche Wirkungen hat z. B. das eingespritzte concentrirte Ozonwasser auf locale Resorption?

Die Toleranz auch des jungen Organismus gegen die aqua ozonisata concentrata wird durch nachfolgende zwei Krankheitsfälle, welche früher mit Erfolg geimpfte Kinder betrafen, bewiesen: Roderich Oertel, 7 Jahr alt, seit 8 Tagen blass, schlaff, appetitlos, hustend. 15. Dec.: Fieberhitze, welche am 16. Dec. im Verein mit dem Husten, der Appetitlosigkeit zunimmt. 17. Dec.: drei Mal epistaxis, fuligo labiorum, trinkt Ozonwasser, keine Milzanschwellung, keine Depression des Nervensystems, 18. Dec. Abends 39,1° C. Temp., Pulse 120. — 19. Dec.: Morgens 37,7° C., Pulse 104, Resp. 32. Abends 37,9° C., Pulse 116. Fünf Flaschen concentrirten Ozonwassers verbraucht. 20. Dec.: Morgens 37,3° C.; 21. Dec. Mittags 37,5, Abends 37,8° C.; 22. Dec. Morg.: 37,3° C., Abends 36,9. Pulse 80, Resp. 24. In Summa 12 Flaschen aq. ozon. conc. verbraucht und hie und da ein Rheuminfuss mit Mittelsalzen, so das täglich eine breiige Entleerung stattfand. — 23. Dec. 37,1 Morg., 37,8 Ab. 24. Dec. 37,2 Morg. 25. Dec. 37,0 Morg. 37,2 Ab. 26. Dec. 37,7 Abends; 27. Dec.: gegen 9 Uhr Morgens werden rothe Knötchen in mässiger Anzahl, zuerst am Kopfe, dann am ganzen Körper bemerkt. Pat. muss das Bett wieder hüten. 38,4 Ab. In der Nacht Schlaf, während der geringen Unterbrechungen desselben Klage über Brennen des Ausschlags. 28. Dec. 37,3 Morg. Ausschlag pustulös. 2½ Nachmittag 120 Pulse. 38,0 Abends, starkes Jucken der Pocken. 29. Dec. 37,3 Morg., 38,0. Pulse 96. Abends, Zunge fast rein. Seit 8 Tagen täglich nur einen Hustenanfall von der Dauer ½—¾ Stunde, trocken, meist gegen 10 Uhr Abends eintretend. Seit dem 23. Dec. noch 3½ Flaschen aq. ozonis. concentr. verbraucht. Vom 22. Dec. bis 27. Dec. brachte Pat. ausser dem Bette zu. 29. Dec. Von ½ 8 Uhr bis ½ 10 Uhr Abends fast ununterbrochener Hustenparoxismus mit Erbrechen von Schleim. 30. Dec. 36,7 M. 37,4 Ab. — Noch reife Pusteln (variotae discretae) an den Extremitäten. 1. Jan. 74: Ab. 37,2°. — 2. Jan. Ab. 37,3. —

Kätchen Oertel, 3 Jahr alt. 19. December erster Krankheitstag, Morg. 38,9° Temp.; Abends 40,0, Pulse 184 und mehr. — 20. Dec. M. 38,3° C., Abends 39,8, Pulse 172. 21. Dec. Morg. 39,2, Abends 39,5, Pulse 144. 22. Dec. Morgens 38,3, Abends 38,5, Pulsè 120, Resp. 36. — 10 Flaschen aq. ozonis. concent. gern getrunken. 23. Dec. 37,3 Morg. Pulse 96. Nacht gut geschlafen. 37,4 Ab. 24. Dec. 37,5 Morg. 25. Dec. 36,8 Morg. 37,2 Ab. — 27. Dec. 36,4 Ab. 28. Dec, 36,4 Ab. 29. Dec. 36,5 Abends. In den letzten sechs Tagen nnr eine Flasche aq. ozonis. concentr. verbraucht. 30. Dec. Kein Fieber, keine Spur eines Ausschlags, reine Zunge. Die Hustenparoxysmen beider Kinder (bei den stets sehr geringen objectiven Zeichen eines Catarrhes und mit Rücksicht auf den herrschenden Keuchhusten auf eine Complication mit pertussis zu beziehen) haben seit 1. Jan. 74 aufgehört. — Hatte Kätchen febris variolosa sine variola? Bei beiden Kranken fast immer Appetit, hie und da Schweiss und Schlaf, Urin meist hellgelb und relativ reichlich. — Wegen des erheblichen Zungenbelags und der starken bronchitischen Hustenanfälle hätte ich früher im Beginne der Erkrankung ein emeticum gegeben. Was in diesen beiden Fällen auf Rechnung der Behandlung gekommen ist, ob die Minderung eines acuten Fiebers durch Ozonsauerstoff mehr durch seine desinficirende oder durch seine ernährende und tonisirende Wirkung erfolgt, ist unmöglich zu sagen.

Dass Kätchen Oertel einen weniger jähen Temperaturabfall zeigte, lag wohl daran, dass sie den Lavements (dreistündlich ¼—⅓ Flasche aq. ozonis. conc.) so sehr Widerstand leistete, dass nur zwei applicirt werden konnten. Bei der Kranken war die kaum zählbare Pulszahl gefährlich, es galt daher durch Zufuhr per os und per anum vorerst die Gefahr zu beseitigen. Der Knabe hat im Anfange der Behandlung, so lange Meteorismus, sehr frequente Repiration, fuligo labiorum, sehr aufreibende Hustenanfälle bestanden, auch clysmata, im Ganzen sechs erhalten; sie wurden überflüssig, als die ebengenannten Symptome verschwanden oder sich minderten und reichlicher Schweiss eintrat. — Dieses Princip der Behandlung nun, so lange Gefahr besteht, möglichst viel Ozonsauerstoff in den Kreislauf — durch Trinken, clysmata, Inhalation — zu bringen, würde ich namentlich bei Cholera, Diphtheritis, Typhus anrathen. Man darf nicht hoffen, Erfolge zu erzielen, wenn zu der anfänglichen Blutvergiftung und Atonie des centralen Nervensystemes ausgebreitete und tiefere Zerstörungen der Organe hinzugetreten sind. Der Nutzen, welcher im acuten Fieber durch den Ozonsauerstoff erreicht wird, bestätigt die Auffassung, dass eine Vergiftung und Destruction aller Gewebe durch — höchst wahrscheinlich leicht oxydabele und daher Sauerstoff-, resp. Ozonraubende importirte oder (z. B. in Folge einer Strictur der urethra) retinirte Körper vorliegt —, dass im Fieber die Einstellung der Wärmeregulirung auf einen höheren Temperaturgrad, die Erkaltung durch excessive Wärmeabgabe zunächst auf Atonie der nervösen Centren durch Degeneration derselben zurückzuführen ist und dass im Fieber eine blosse Kräftecomsumtion ohne Abnahme des Körpergewichtes (Frey) vor sich gehen kann. — Es würde mir nicht widersinnig scheinen, wenn ich hörte, es sei gelungen, durch Zufuhr freier Kraft in der Form des constanten Stromes eine nachweisbare Abnahme der Fiebertemperatur zu erreichen. Dass durch ein atonisches Nervensystem die Ausfuhr der Kohlensäure, des Wassers, des Ammoniaks vermindert wird, hebt auch Weirich (Dorpat) hervor. Dass durch die Temperatursteigerung die destruirenden Vorgänge in den Geweben nur befördert, nicht verursacht werden, betont auch Frey. Wer also im fieberhaften Processe hinter den von einem jüngst erschienenen Werke hervorgehobenen Symptomen (Eiweisszerfall, Reizbarkeit der Hautnerven: Temperaturerhöhung) eine Vergiftung, Schwächung, feinere Zerstörung der Gewebe sieht, wird in seiner Behandlung dem abkühlenden Verfahren nur einen symptomatischen Werth beilegen, Erweiterung der Hautgefässe durch einen Theerfiniss oder einen Ueberzug von Gichtpapier, ausgedehnte starke Hautreizung durch Senfteige nicht anwenden dürfen, selbst wenn sie mit der Kälte combinirt zur Anwendung kommen sollen. — Dass Hüter bei hohem septicämischen und pyaemischen Fieber durch Transfusion von Blut die Temperatur hat stark sinken sehen, ist eine Thatsache, welche helfen wird, die Abnahme des fieberhaften Processes durch Zufuhr von Sauerstoff begreiflich zu machen. Einem Briefe des Herrn Prof. Preyer vom 22. April 1871 verdanke ich andere Vorstellungen über die Wirkung des Sauerstoffs im Fieber, als ich sie vorher ihm mitgetheilt hatte, daher der wesentliche Inhalt desselben hier folgen möge: „Die physiologische Erklärung der merkwürdigen von Ihnen erzielten Heilungen und Besserungen wird wohl noch eine Weile dunkel bleiben. Indessen glaube ich, dass Sie mit Recht grosses Gewicht auf die beschleunigte Kohlensäureaustreibung in der Lunge durch das Plus von Sauerstoff legen. Ebensowichtig ist natürlich die Erleichterung der Sauerstoffaufnahme von Seiten der Blutkörperchen, welche namentlich bei Emphysem in Betracht kommt. — Am meisten in Erstaunen setzt mich die mir neulich freundlichst mitgetheilte Thatsache, dass Fieber durch vermehrte Sauerstoffzufuhr beseitigt werden kann. Ist dieses auch wirklich sicher? Ich halte es für äusserst wichtig, eine solche Thatsache festzustellen. Bitte suchen Sie womöglich diese eine Frage entscheidend zu beantworten. Sie ist für die Fiebertheorie von fundamentaler Bedeutung. — Eine Entzündung kommt niemals zu Stande ohne Gefässerweiterung, — sind die Gefässe erweitert, so wandern die farblosen Blutkörperchen aus. Diese beiden Thatsachen sind von Cohnheim entdeckt worden und bilden das Wesen eines jeden entzündlichen Vorganges. Nun fragt es sich vor Allem: Woher kommt denn die primäre Gefässerweiterung? Ich antworte: wahrscheinlich durch eine Lähmung der betreffenden vasomotorischen Nerven. Diese Lähmung kann local gedacht werden, wo äussere Schädlichkeiten eingewirkt haben und eine locale Entzündung nachfolgt. Ist aber die Lähmung allgemein, sind die meisten Gefässe des Körpers erweitert, dann würde keine locale Entzündung eintreten, sondern Fieber, in welch' letzterem Falle vielleicht eine krankhafte Veränderung, eine Ueberreizung und dadurch Lähmung des Centralapparates der vasomotorischen Nerven im verlängerten Marke anzunehmen wäre. Gleichgültig, wie die Lähmung der Gefässnerven zu Stande kommt, niemand wird, glaube ich, behaupten, dass sie im Fieber fehlt, jeder wird zugeben, dass der Gefässtonus im Fieber aufgehört hat, und desshalb glaube ich in der That, im Grossen und Ganzen das Fieber als eine allgemeine Entzündung im ersten Stadium ansehen zu dürfen. Beide fangen an mit Gefässerweiterung, bei beiden in Folge davon Temperatursteigerung. Wenn aber in einem Organe die Gefässe erweitert sind, das Organ also mehr Blut enthält und wärmer ist, als normal, so müssen in ihm die Oxydationsprozesse gesteigert werden, bei der Entzündung local, beim Fieber allgemein, das lehren dann auch die Harnuntersuchungen Fiebernder. Für die Therapie ergiebt sich die Nothwendigkeit, den normalen Gefässtonus wieder herzustellen; ist dieser wieder hergestellt, müssen alle Fiebersymptome aufhören. — Verengern sich die Gefässe, dann wird das Blut schneller fliessen, weniger Wärme an die Organe abgeben, die Organe werden blutärmer, die Oxydationsvorgänge nehmen ab und der Sauerstoffhunger der kranken Gewebe lässt nach, die Respirationsfrequenz nimmt ab, weil der Bedarf nach Sauerstoff sinkt, sowie die Gewebe dem Blute nicht mehr so viel Sauerstoff entziehen können. Wenn nun wirklich enorm gesteigerte Sauerstoffzufuhr im Höhestadium des Fiebers eine Temperaturabnahme bedingt, so kann man sich vorstellen, dass dieser Sauerstoff gewisse (unbekannte) Stoffe im Blute oxydirt und unschädlich macht, welche eine Erholung des vasomotorischen Centrums durch ihre Anhäufung erschwerten oder unmöglich machten." Wie früher erwähnt worden ist, muss der Sauerstoff auch vor Allem fähig sein, den normalen Ernährungszustand und

Tonus einer Gefässwand wieder herzustellen, wenn Cohnheim Recht hat, dass es sich in der Entzündung nur um in ihrer Ernährung gestörte Gefässwände, nicht um primäre Lähmung vasomotorischer Nerven handelt. Jedenfalls sind die Wirkungen des Sauerstoffs trotz der neueren physiologischen Arbeiten noch immer recht schwer zu deuten, selbst wenn man, wie ich es gewagt habe, die von Redtenbacher zuerst aufgestellte Theorie von der Constitution der Materie, nach welcher die Atome von einer Aetherhülle umgeben sind, zur Erklärung mit heranzieht. — Es galt nunmehr auch das Faktum festzustellen, dass auch grosse Dosen der getrunkenen aqua ozonisata concentrata die Fiebertemperatur vermindern und somit durch die Beobachtungen am Krankenbette zum Beweise beizutragen, einmal, dass das mit unseren Schleimhäuten unter gewissen Bedingungen in Contact gebrachte Ozongas wegen seiner besonderen actio remota (z. B. Schmerzen in den Brustwänden nach der Inhalation) zum Theil in Blut und Gewebe diffundiren und ebenso die sensibelen Nerven angreifen muss, also durch seine actio topica (Husten, Leibschmerz), — und zweitens, dass das Ozongas der Atmosphäre mindestens indirect eine eminent tonische, d. h. die Neubildung von Blutkörperchen befördernde, die Neubildung und Leistungsfähigkeit des Nervensystems und der Muskulatur erhöhende Bedeutung hat. — Als sicheren Gewinn aus dem Vorhergehenden dürfen wir wohl die Erkenntniss schöpfen, dass die Bergluft über eine gewisse Höhe hinaus trotz ihrer Reinheit zur Schädlichkeit wird. Sind Sauerstoff und Ozonsauerstoff auch Constituentien unseres Körpers, wie das Kochsalz, so sind sie doch auch, wie dieses, bei mässiger Zufuhr Nahrungs-, bei stärkerer Zufuhr Arzneimittel (welche die unter veränderten Bedingungen vor sich gehenden Funktionen in curativer Richtung höchst auffällig alteriren), bei excessiver Zufuhr venena. — Die Schlaflosigkeit, welche durch den Aufenthalt am Meere sowohl, wie in der Höhe nicht selten eintritt, würde daher unter Umständen auf entgegengesetzte Ursachen zurückgeführt werden müssen. — Abweichend von der Auffassung Anderer halte ich die Spitzentuberculose nur mittelbar für eine Folge des zu dürftig zugeführten und aufgenommenen Sauerstoffs, zunächst für eine Folge der eingeathmeten oxydabelen Körper der Luft, welche, weil sie nicht durchs Körperozon rasch unschädlich gemacht werden, die Gefässwände des Lungengewebes und dieses selbst alteriren. Die oxydabelen Körper der Luft und des Wassers, deren Hauptmasse wir mit Trautmann: Zersetzungszellen nennen können, sind weitaus die mächtigste Ursache unseres Erkrankens, trotzdem die Fähigkeit des lebendigen Körpers, den einströmenden unerregten Sauerstoff zu erregen, sicher enorm gross ist. — Da bisher, wenn auch nicht geradezu ausgesprochen, jedoch nach Mitteln gesucht und am Krankenbette gehandelt worden ist, als sei es sicher, dass die Temperaturerhöhung die Grundthatsache, die Ursache aller Fiebererscheinungen sei, so werden die Gewohnheiten des jetzigen Handelns, die in unserer Literatur über den fieberhaften Process herrschenden Ansichten für meine Auffassung (dass der tieferliegende Grund aller Fiebererscheinungen — wenn man will, das Wesen des Fiebers — eine meist oder immer durch Vergiftung der Gewebe verursachte Atonie des Nervensystems ist,) einen microscopischen und chemischen Beweis fordern. — Allein meine Auffassung ist nur ein Schluss aus drei Thatsachen: die eine Thatsache bilden die entfernten Ursachen des Febers (importirte, retinirte, resorbirte Körper, welche als Nährstoffe nicht gelten dürfen), die andere Thatsache ist die im fieberfreien Zustande leicht zu constatirende desinficirende und tonisirende Grundwirkung unserer Gase einerseits und ihre eminent antifebrile und antiphlogistische Wirkung andererseits und die dritte Thatsache ist die, dass die Ergebnisse des physiologischen Experimentes die neue Auffassung eher bestätigen, als widerlegen. — Mit demselben Rechte, mit welchem Cohnheim in der Entzündung auf eine — bis jetzt nicht demonstrirbare — Gewebestructurveränderung der Gefässwände schliesst, schliesse ich im acuten Fieber auf eine mit Atonie gewisser Theile des centralen Nervensystemes stets einhergehende Infection, obgleich unsere jetzigen Untersuchungsmittel ebensowenig fähig sind, die microscopischen und chemischen Beweise beizubringen, als sie immer fähig sind, die Todesursache aufzufinden oder Unterschiede des leblosen, doch lebensfähigen Zustandes eines Thieres von dem leblosen, doch lebensunfähigen Zustande zu demonstriren. Am raschesten, meine ich, wird die Vergiftung durch Kohlensäure als Element jedes Fieberzustandes Anerkennung finden, weil das auffällig rasche Verschwinden gewisser Fiebererscheinungen unmittelbar nach starker Sauerstoffzufuhr nur als Folge ausgetriebener Kohlensäure sich deuten lässt. Dass der thierische Stoffwechsel fort und fort als freie Kräfte nicht allein Wärme und mechanische Arbeit, sondern auch Electricität frei macht, ist wohl Thatsache; — dass vielleicht im Fieber in demselben Grade die Production von Wärme und mechanischer Arbeit steigt, als die Production von Electricität sinkt, ist nur eine Hypothese, welche in Rücksicht auf das Verhältniss des Nervensystemes als eines regulirenden Apparates des Stoffwechsels, mit Rücksicht auf die Identität der Nervenkraft mit Electricität, mit Rücksicht auf die Gier zumal des Nervensystemes nach reparirenden Sauerstoff sich aufdringt und deren Bestätigung oder Verwerfung der Arzt gern physiologischen Forschern überlässt. — W. Preyer sagt pag. 15 u. 14: Ueber die Erforschung des Lebens: „Der Sauerstoff hat einen Vorzug vor den anderen Lebensbedingungen (Wasser, Nahrung, Wärme), weil seine Entziehung den thierischen Lebensprocess am schnellsten zum Stillstand bringt. Wenn Pasteur behauptet, es gäbe animalische Fermente, Vibrionen mit selbständiger Bewegung, welche ohne atmosphärischen Sauerstoff lebten, so fehlt der Nachweis, dass nicht fortwährend Sauerstoff sich entwickelte, etwa in dem Maasse, als er von den winzigen Infusorien verzehrt wurde. Man kann sich sehr wohl vorstellen, dass jene niederen Lebensformen nur den activen Sauerstoff, den Sauerstoff im Augenblick des Entstehens gebrauchen können, während die anderen Organismen auch des inactiven Sauerstoffs bedürfen, den sie zum Theil in Ozon durch Berührung verwandeln. Weshalb sollten nicht ebenso gut jene Vibrionen den Sauerstoff verbrauchen, den sie selbst frei machen, wie die Pflanzen den Sauerstoff desselben Luftmeeres verbrauchen, in welchen sie den von ihnen selbst entwickelten Sauerstoff entlassen? Da sie sogar, wie de Saussure zuerst fand, in geschlossenen sauerstoffsgasfreien Räumen den Sauerstoff, den sie bei Tage entwickeln, Nachts wieder einathmen und dabei Monate wachsen? Das Wasser, der Zucker, die Tartrate, die Phosphate, welche den Fermenten zum Leben dienen, sie alle enthalten viel Sauerstoff. Weshalb sollte er nicht ebenso gut daraus frei gemacht werden von den Vibrionen, wie er von den Pflanzen aus sauerstoffreichen festen chemischen Verbindungen frei gemacht wird? Aehnliches gilt von den isolirten lebenden Organen höherer Organismen. Wenn auch im luftleeren Raume der Muskel zu zucken fortfährt, der Nerv seine Erregbarkeit behält, so folgt daraus keineswegs, dass sie keinen Sauerstoff verbrauchen. Keine Pflanze gedeiht ohne Sauerstoff, kein Thier und je vielseitiger ein Organismus ausgebildet ist, um so grösser sein Bedarf an diesem Lebensgas. So fundamental ist seine Bedeutung fürs Leben, dass die am 1. August 1774 von Priestley in London und in demselben Jahre von Scheele gemachte Entdeckung des Sauerstoffgases zugleich den Anfang der rationellen Erforschung des Lebens bezeichnet, den Beginn der jetzigen Physiologie, deren Grundstein Priestley selbst legte, indem er die grosse Aehnlichkeit der Athmung und der Verbrennung erkannte.“ Auch für gewisse Krankheitszustände darf man den Satz hinstellen, je kränker der Organismus, um so mehr des Sauerstoffs bedarf er zu seiner Wiederherstellung, so dass auch von pathologischem Standpunkte aus die Benennung des Sauerstoffs: Lebensluft gerechtfertigt erscheint. — Namentlich im acuten Fieber scheinen die Gewebe so excessiv nach Sauerstoff zu lechzen, dass es mir bis jetzt niemals gelungen ist, eine die Sättigung des Blutes mit Sauerstoff signalisirende Apnoe auch nur Bruchtheile einer Minute hervorzubringen. —

Baumeister Scharrath theilt mir mit, dass bei unseren damaligen Versuchen 5000 Cubikfuss Luft in der Minute in das der Ventilation dienende Canalsystem des Friedrich Wilhelmstädtischen Theaters einströmten. Herr Scharrath hatte gleichzeitig einen Kessel mit Salzwasser aufgestellt, dessen Inhalt durch die Ventilation sehr stark verdunstete und der Ozonproduktion dienen sollte. Ich glaubte von dieser Methode abrathen zu müssen, einmal weil der Zuschauerraum ohnehin durch die Zuschauer mit Wassergas reichlich versehen wird;

zweitens fürchtete ich einen Zerfall, eine Erweichung der Gewebe, durch deren Poren die äussere Luft in die Zuschauerräume zugfrei eintritt, sobald die alcalischen Salzdämpfe fort und fort dem Luftstrome zugefügt würden. — Von der Ozonisirung der Zimmerluft durch Kochen von übermangansaurem Kali mit concentrirter Schwefelsäure rathe ich ab, weil Dämpfe von Schwefelsäure der Luft sich beimengen. —

In Bezug auf den p. 3—7 mitgetheilten Flecktyphusfall ist an Prof. Romberg zu erinnern, in dessen Munde bei Schilderung eines Krankheitsfalles die drei Worte: Flockenlesen, Sehnenhüpfen, Tod für uns Schüler nicht trennbar waren. In Bezug auf den schweren Typhusfall p. 9—13 erhalte ich aus der Ferne am 1. Jan. 1874 Mittheilung, dass „jeder Excess eine mit grossen Schmerzen in der Lebergegend verbundene Gelbsucht noch herbeiführt," trotzdem Patientin, um zu erstarken, im Sommer 1873 theils in Ischl Soolbäder genommen, theils im Gebirge zugebracht hat. — Der Knabe Oertel hatte vom 3. bis 14. Januar folgende Abendtemperaturen: 37,1; 37,0; 37.0; 36,8; 36,9; 36,9; 37,0; 36,7; 36,9; 37,1; 37,0, ist also so lange noch Reconvalescent, als er nicht 37,5 hat. — Kätchen Oertel hatte vom 1. bis 8. Januar folgende Abendtemperaturen: 36,4; 36,3; 36,4; 36,4; 36,2; 36,5; 36,2; am 8. Jan.: 36,7. — Am Abend des 9. Januar 38,4 und rothe Fleckchen. 10. Jan.: Morgens 37,7; Mittags Resp. 36, Pulse 100; deutliche Pusteln. Ordinirt: Ozonwasser, welches bis zum 3. Januar in kleinen Quantitäten getrunken und dann ausgesetzt war. — Abends: 38,7. 11. Jan.: Morg. 37,9. Mittags Resp. 32: Pulse 120. Ab. 38,3. — 12. Jan. 37,5, M. 38,9, Pulse 120. Abends. — Harn nur einmal rothgelb, sonst hellgelb; Schlaf, Appetit, feuchte Haut zeitweise seit dem 9. Januar vorhanden. Nachts 12/13. Januar kein Jucken der Pocken mehr, Rückbildung der den ganzen Körper, auch das Gesicht zerstreut occupirenden Pusteln, fast ununterbrochenen Schlaf, auch Schweiss. — 13. Jan.: 36.6 Morg.; 35,9 Ab. 14. Jan. 37,4 Morg. — Abends Temptur nicht gemessen, weil seit 4 Uhr Nachmittags Schlaf eingetreten ist. Pulse 84. — 7 Flaschen aq. ozon. concent. seit dem 9. Januar verbraucht. — Den Beginn des neuen fieberhaften Zustandes datire ich vom Abend des 8. Jan., an welchem die Temperatur 36,7 war, $^2/_{10}$ Grad höher, wie die höchste Temperatur der Reconvalescenszeit. — Das Verhältniss der Zahl der Pulse zur Temperatur deutet auch vielleicht auf eine Tonisirung des Herzmuskels hin, dessen Ernährung während eines fieberhaften Zustandes grössere Massen Sauerstoff erfordert. — Bei unserer kleinen Patientin liegt also 1) eine Impfung mit Narbenbildung, 2) eine febris variolosa sine variola in Folge einer Ansteckung durch den Bruder, 3) eine febris variolosa cum variolis drei Wochen nach Beginn des ersten Fieberzustandes vor. Der Knabe hatte wohl in der Schule sich inficirt. — Die erste fieberhafte Erkrankung der K. O. lehrt, dass dem Trinken der aq. ozon. conc. nach Maassgabe des Durstes die Inhalation des Ozongases recht wohl noch hätte hinzugefügt werden oder folgen können. — Dass, wenn ein acuter fieberhafter Process durch aqua ozonis. wesentlich behandelt worden ist, die Zeit der Reconvalescenz, in welcher die Anzahl der Blutscheiben, der Vorrath des Blutsauerstoffs, die Grösse der Herzkraft und daher die Temperatur unter die Norm gesunken ist, je nach der Masse des zugeführten Ozongases abgekürzt wird, begreift sich, weil durch die Zufuhr desselben auch der Zerstörung der Blutscheiben und der Abzehrung des Herzmuskels, welche der fieberhafte Process mit sich bringt, entgegengearbeitet wird. Die Blässe und Schwäche nach Ueberanstrengungen möchte ich nicht auf vorangegangene Zerstörung der Blutscheiben, sondern auf Herz- und Muskelschwäche durch zu starke Consumption des trotz beschleunigter Respiration ungenügend ersetzten Blutsauerstoffs und andererseits auf aufgehäufte Kohlensäure beziehen.

Von den fünf Thesen Schoene's kann ich nur die dritte und fünfte These für richtig halten. Nur Wasser, welches unrein durch oxydabele Körper ist, zersetzt Ozongas; letzteres ist daher in destillirtem Wasser — unter den nöthigen Cautelen aufbewahrt — absolut haltbar. Da jedoch meine Beobachtungen, welche im „Atmosph. Ozon 1. Theil" erwähnt sind, der feineren Messung entbehren, so ist die briefliche Mittheilung von Wichtigkeit, welche ich Herrn Prof. Carius am 11. Jan. 74 verdanke: „Schoene bestätigt meine Angabe über Absorption des Ozons, hat dann aber noch Einiges hinzugefügt, was ich theils nicht so beobachtet habe, theils nicht für richtig halte. Ich werde vielleicht später Zeit haben, selbst noch einige Versuche über diesen Gegenstand zu machen." — Die Absorption des Ozons durch Wasser bestätigt mir brieflich Prof. Gintl zu Prag auf Grund eigener Versuche. — Dr. Mogk schreibt mir, in Wien sei gegen Trichinosis Chlorwasser mit Erfolg angewandt worden. Es sei daran erinnert, dass dieses Präparat durch Zersetzung des Wassers Chlorwasserstoffsäure bildet und activen Sauerstoff frei macht und dass — nach einer Mittheilung des Prof v. Adelmann — Prof. Leukart die Giftwirkung der Trichinen wesentlich in ihre Eigenschaft als Sauerstoffräuber verlegen soll. —

Dr. Raynaud, dessen Notiz p. 39 mitgetheilt ist, nur um zu Versuchen bei Cholera anzuregen, ist nicht Verfasser des Werkes über Tuberculose der Affen, (der gleichnamige Autor dieses Werkes ist todt), sondern als Mitarbeiter am Dictionnaire de medicine Verfasser z. B, des Artikels: Arterien und erst seit 1868 Mitglied der medicinischen Fakultät zu Paris. —

Welche Resultate hat nun die Inhalation auf den Inhalt eines mit einer Flasche aq. ozonis. conc. gefüllten Inhalationsapparates, wenn die Luft filtrirt durch Watte einströmt. Die Inhalation, um diese Frage annähernd zu beantworten, geschah in einem gutgelüfteten, rein gehaltenen, 10 Fuss hohen, nach Westen im dritten Stock gelegenen Zimmer eines fast frei gelegenen Hauses der Lützowstrasse zu Berlin. Die Reaction wurde nach der 14theiligen Ozonscala festgestellt, indem einem Esslöffel Ozonwasser 1 Theelöffel Prüfungsflüssigkeit zugesetzt wurde:

Freitag den 9. Januar 74:

Vor der Inhalation ergab das Präparat die Reaction No. 13 der Scala. —

Nachmittag 4 Uhr, Abends 7 Uhr und am 10. Januar Morgens 4 Uhr wurde je eine Stunde, Summa drei Stunden inhalirt. Die Prüfung unmittelbar nach der letzten Inhalation ergab Reaction No. 12.

Am 10. Januar wurde Nachmittags drei Uhr $^1/_2$ Stunde, 6 Uhr eine Stunde, Abends 9 Uhr eine halbe Stunde, Morgens 4 Uhr am 11. Januar eine Stunde, Summa drei Stunden, jedoch tiefer und rascher, wie in den früheren drei Stunden, inhalirt. Unmittelbar nach der letzten Inhalation ergab die Prüfung Reaction 7.

Am 11. Jan. Nachmittags 3 Uhr wurde eine Stunde, Abends 9 Uhr $^1/_2$ Stunde, Morgens des 12. Jan. 4 Uhr $1^1/_2$ Stunde, Summa drei Stunden inhalirt. Unmittelbar nach der letzten Inhalation ergab die Prüfung Reaction No. 5. —

Am 12. Nachmittags 2 Uhr ergab unmittelbar v o r der Inhalation die Prüfung Reaction No. 5, es hatte sich also nach Verlauf von 8 Stunden der Ozongehalt nicht nachweisbar vermindert.

Am 12. Jan. Nachmittags 2 Uhr wurde eine Stunde, Abends 10 Uhr $^1/_2$ Stunde, 13. Januar Morgens 5 Uhr $1^1/_2$ Stunde, Summa drei Stunden, inhalirt. Unmittelbar nach der letzten Inhalation ergab die Prüfung No. 3. —

Nach drei Stunden Inhalation am 13/14. Januar ergab die Prüfung No. 1, nach einer Stunde No. 0. —

Der Gasinhalt des Apparates wurde also durch die — pro Minute etwa 16 mal erfolgenden — Inhalationen eines 50 Jahre alten Mannes ungefähr i n n e r h a l b 16 S t u n d e n verbraucht. —

Welches Resultat hatte die Inhalation, als unter denselben Bedingungen die Luft u n f i l t r i r t einströmte und gleichzeitig während der Ausathmung die Verdunstung des Gases aus dem Mittelrohre durch Verschluss desselben mittels eines Gummipropfen verhindert wurde?

Am 14. Januar vor der Inhalation Reaction No. 13.

Nachmittag $1^1/_2$—$4^1/_2$ Uhr, Summa drei Stunden inhalirt: Unmittelbar nach der Inhalation ergab die Prüfung Reaction No. 11, am Abend $10^1/_2$ Uhr No. 10. —

Am 15. Januar 4 Uhr Morgens vor der Inhalation No. 10, nach der Inhalation von 4—5 Uhr, also von der Dauer einer Stunde: No. 8. — Prüfung 8 Uhr Morgens, also drei Stunden nach der letzten

Prüfung: No. 7, — um 2 Uhr Nachmittag No. 7. — Inhalation Nachmittag von $2\frac{1}{4}$—$2\frac{3}{4}$ Uhr, also nach $1\frac{1}{2}$ Stunden, unmittelbar nach der Inhalation ergab die Prüfung No. 2. —

Der Gasinhalt des Apparates wurde also, als die Luft unfiltrirt einströmte, mindestens nach acht Stunden bereits erschöpft. Mag der möglichst sorgfältig gemachte Versuch auch feineren Anforderungen nicht entsprechen, so liefert er doch wegen seines groben Resultates den Beweis, wie ungemein reich die Zimmerluft an oxydabelen Körpern ist. Unser Blutgefässsystem ist nicht minder, wie unser Apparat, ein Behälter freien Ozongases. Es liegt nun auf der Hand, dass, wenn die Lungen auch intact bleiben, Blässe und Schwäche schliesslich folgen müssen, wenn jene oxydabelen Körper (durch fortdaurendes Verweilen in geschlossenen Räumen) fast immer den Blutsauerstoff vermindern oder gar an dem gebundenen Sauerstoff der Gewebe schmarotzen und durch abnorme Zerfallprodukte der Gewebe indirect uns vergiften. Es ist zu untersuchen, welche grössere Massen oxydabeler Körper dunkele, schlecht gelüftete, unrein gehaltenen Zimmer solcher Häuser enthalten, welche von foetiden Ansammlungen umgeben sind.

Es ist ferner aus obigem Versuch zu schliessen, dass die uns angeborene desinficirende Kraft oder, was dasselbe sagen will, unsere Fähigkeit, unerregten Sauerstoff zu erregen, sehr gross sein muss, da wir selbst in schlechten Räumen nur ausnahmsweise erkranken. Wie weit wir jedoch von der Erkenntniss entfernt sind, selbst eine foetide Umgebung für eine Schädlichkeit zu halten, bin ich durch einen Besuch belehrt worden, welchen ich mit den Prinzen Georg und Albrecht zu Solms-Braunfels Ende August v. J. einem Freunde der Prinzen machte: dieser, ein berühmter Lausanner Professor, hat sich etwa 4000 Fuss hoch auf dem bei Genf gelegenen Mont Salén jeden Sommer angesiedelt, jedoch gestattet, dass eine höchst primitive Landwirthschaft der seine Wohnung umgebenden Bergluft die Geruchsorgane sehr afficirende Qualitäten ertheilt. Diese Unterschätzung der Bedeutung der unsichtbaren Luftgifte steht in Zusammenhang mit der Thatsache, dass unsere deutsche Medicin, wie Prof. Saitz's Pathologie und Therapie des Jahres 1874 noch den Beweis liefert, auch den unerregten Sauerstoff als Medicament noch nicht anwendet. Wie Professor Carius unter den Chemikern, so hat unter den Vertretern der deutschen Physiologie jedoch Professor Preyer in Jena auf Grund seiner Studien mir in der Einführung des Sauerstoffs und Ozonsauerstoffs in den Arzneischatz als Freund zur Seite gestanden, hier sind die Belege: Am 13. October 1870 schrieb er: „In Wiesbaden habe ich wirklich ganz erstaunliche Erfolge gesehen und wiederhole, dass meiner Ansicht nach die Anwendung des activen Sauerstoffs für die Therapie eine grosse Zukunft hat.“ Am 20. October 70: „ich kann sehr entschieden die Nothwendigkeit betonen, ausgedehntere

Versuche mit activem Sauerstoff anzustellen, ich kann hervorheben, dass bereits günstige Erfolge vorliegen, während Erkrankungen in Folge der Inhalation mir bisher nicht bekannt geworden sind. Namentlich seit ich entdeckte, dass die Blausäure, welche doch allgemein mit Recht für das stärkste Gift gehalten wird, in tödtlicher Dosis einem Thiere einverleibt, nicht die geringsten Vergiftungssymptome hervorruft, wenn nur für verstärkte Sauerstoffzufuhr gesorgt wird, habe ich die Ueberzeugung gewonnen, dass man auch in der Praxis (und nicht blos bei acuten Vergiftungen, auch bei Diabetes) von verstärkter Sauerstoffzufuhr die schönsten Erfolge zu erwarten berechtigt ist." — Am 14. Nov. 1870: „ich hoffe, dass Sie durch das Experiment und directe Beobachtung von rein physiologischer Seite hier (in Jena) bald Gelegenheit finden, Ihre herrliche Methode zu vereinfachen." — Am 2. December 70: Das Präparat (das Ozonwasser) scheint in der That sehr brauchbar zu sein. Es behält den Ozongeruch, selbst wenn das Gefäss, in welchem sich die Flüssigkeit befindet, stundenlang (im Kühlen) offen stehen bleibt. Natürlich kann das Trinken des Ozonwassers die Inhalationen ozonhaltigen Sauerstoffs nicht ersetzen, aber ich theile Ihre Ansicht, dass es von guter Wirkung sein kann." Am 31. Januar 71: ich bezweifle keinen Augenblick, dass das Ozonwasser, welches, wie ich mich überzeugte, in der That nur Wasser und Ozon, aber kein Wasserstoffsuperoxyd enthält, therapeutisch wichtig worden kann; jedoch kann man die Sauerstoffaufnahme vom Darm und Magen aus unmöglich der Einathmung ozonhaltigen Sauerstoffs gleichsetzen." Auf ihren Artikel: was ist Fieber? bin ich gespannt. Wenn die durch den eingeathmeten Luftsauerstoff im Körper eingeleiten Oxydationsprocesse im Fieber nicht die Quellen der freiwerdenden Wärme sein sollen, so müssen es andere Oxydationsprocesse sein. Woher soll aber dann der nöthige Sauerstoff kommen? Sie möchten ihn durch Spaltungsvorgänge aus dem Blut- und Organ-Albumin nehmen. Findet aber ein Zerfall dieses statt, so wird nicht Wärme frei, sondern latent, Es wird Wärme verbraucht, um die Anziehung der Atome zu überwinden. Derselbe Process nun, welcher Wärme verbraucht (das Zerfallen, das Gespaltenwerden des Albumins) kann nicht zur Wärmequelle werden, am wenigsten eine Steigerung der freiwerdenden Wärme, wie sie thermometrisch nachweisbar im Fieber statt hat, bedingen. Wenn es wirklich wahr ist, dass Sauerstoffinhalationen das Fieber vermindern, so wäre dieses eine Thatsache, auf welche Sie stolz sein können." Am 24. Nov. 71: „Dass die Pilze durch Ozon zerstört werden, ist nicht auffällig, da organische Substanz von viel festerem Gefüge z. B. Kautschuck gleichfalls von Ozon angegriffen wird." — „Das Sauerstoffwasser, welches jedoch ausser Wasser, Sauerstoff und allenfalls etwas Kochsalz nichts enthalten sollte, wird gewiss bald allgemein verbreitet sein." „Dass bei der Soole-Verdunstung der gewöhnliche Sauerstoff erregt wird, ist mir sehr überraschend." „Man darf das Ozon nicht fallen lassen, denn dieses ist nöthig, um die schädlichen Bestandtheile der Luft zu zerstören." Da im Fieber der Consum von Sauerstoff abnorm gross, die Zufuhr aus der Atmosphäre unzureichend ist, so bestimmten mich die Zeilen des Herrn Prof. Preyer, meine ursprüngliche Idee, im Freiwerden bereits gebundenen Sauerstoffs eine zweite Quelle für Oxydationen zu suchen, aufzugeben und führten mich dahin, das Blutgefässsystem als ein Reservoir aufgespeicherten Sauerstoffs zu betrachten, dessen Niveau steigen und fallen kann, wenn das Gleichgewicht der Zufuhr und des Verbrauchs von Sauerstoff nach irgend einer Richtung gestört ist, — dessen Maximalstand die Sättigung des Blutes mit Sauerstoff in der Apnoe, dessen tiefster Stand der völlige Mangel des Blutes an Sauerstoff ist, wie er dem Erstickungstode vorhergeht. —

Wie genau Herr Prof. Carius analysirt, ist Folgendes ein Beweis: er theilte mir mit: „ich muss anführen, dass im käuflichen Ozonwasser sehr kleine Spuren der Chlorverbindungen und schwefelsauren Salze von Kalium und Natrium enthalten sind und dass ich in einem Falle auch eine kaum erkennbare Spur freier Salzsäure auffand; in letzterem Falle besonders angestellte sehr sorgfältige Versuche zeigten, dass diese Säure nicht salpetrige oder Salpetersäure war, sondern die ganz unschädliche Salzsäure." — Diese Befunde, die ärztlich bedeutungslos sind, waren entweder als Folgen einer zufälligen Verunreinigung zu deuten, oder gestatten den Schluss, dass die Darstellung des Präparates weder eine electrische, noch electrolytische gewesen ist.

Margot K., Tochter des Herrn Hauptmanns und Mitgliedes der Artillerie-Prüfungs-Commission Küper (Berlin, Genthinerstrasse 7), 9 Jahr alt, besuchte vom 15. October v. J. eine private Mädchenschule, in welcher der Keuchhusten Ende October auftrat. Von 7 Mädchen blieben 3 frei, welche den Keuchhusten bereits früher überstanden hatten, die vier anderen erkrankten nach der Reihe, zuletzt Margot K., welche neben einem Kinde sass, das, bereits zweifellos an pertussis erkrankt, die Schule mehrere Tage noch besuchte. In der ersten Woche des November Husten, der von Tag zu Tag zunahm, Schnupfen trat nicht ein. Von der zweiten Woche des November hütete sie die Wohnung und erhielt täglich 1 Flasche aq. ozonis. concent. — Ende der zweiten Woche Anfälle von Husten mit Athemnoth, Angst, Anklammern an die Mutter, mit dunkler Röthe des Gesichtes, Stirnschweiss, Thränen der Augen. Der Anfall dauerte höchstens eine Minute und war der Husten auch tönend, so wurde jedoch das Gesicht niemals blau. Mit dem Auftreten der zweifellosen Paroxysmen von Keuchhusten, welche 3—4 Mal am Tage und regelmässig in der Nacht zwischen 12 und 1 Uhr ein Mal auftraten, Morgens und Abends 1 Flasche aq. ozon. conc. —

Nach mehreren Tagen klang der Husten nicht mehr pfeifend, sondern voll, die Anfälle blieben am Tage ganz aus, in der Nacht trat der Anfall nicht mehr zu einer bestimmten Zeit und noch schwächer, wie vorher, auf und endigte mit Schleimauswurf. Nach etwa 14 tägigen Gebrauch der aq. ozon. conc. erschien der Catarrh, der ohne Fieber, durch rhonchus sonorus u. sibilans objectiv nachweisbar vorhanden war, erloschen. Da M. in der letzten Hälfte der dritten Woche ihres Catarrhes bereits Spaziergänge machte, erkältete M. sich einige Tage nach ihrer Herstellung: ein Rückfall in das frühere Höhestadium des Keuchhustens trat ein und der früheren Verordnung wurde die Inhalation des Ozongases — auch mit Rücksicht auf Dr. Letzerichs sorgfältige Untersuchungen, nach welcher er eine Pilzform als Ursache des Keuchhustens annimmt — hinzugefügt. — Nach mehreren Tagen verlor der Husten seinen spasmodischen Charakter, und Ende der achten Woche der Erkrankung nach Verbrauch von 75 Flaschen aq. ozon. war auch der Catarrh dauernd beseitigt. Wäre, der Verlauf des Keuchhustens noch milder, wie in diesem Falle, gewesen, so war der Einwurf berechtigt, dass es sich nur um einen Bronchialcatarrh gehandelt habe. Obgleich ich nun nach früheren Behandlungsmethoden (hie und da Brechmittel u. s. w.) keinen so günstigen Verlauf beobachtet habe, so spricht gleichwohl Cullen von milde verlaufenden Fällen. Allein, dass gerade in diesem Falle ein Curerfolg vorliegt, folgt wohl aus folgenden Thatsachen: 1) die drei Mitschülerinnen sind weit heftiger erkrankt, die eine soll auch Lungenentzündung erhalten haben. 2) M., seit ihrem ersten Lebensjahre stets scrophulös, wurde 4 Jahr alt von schwerer scrophulöser Augenentzündung befallen, gegen welche $^1/_2$ Jahr lang zeitweise Calomel in grossen Gaben gebraucht worden ist. Seit dieser Cur tiefe Gesichtsblässe, welche auch dem Aufenthalte in der Landluft, dem Eisen u. a. M. nicht gewichen ist. — Abgesehen nun davon, dass sie von Hirnentzündung, wie so häufig scrophulöse Kinder im Laufe der pertussis, nicht befallen worden ist, besserte sich im Gegentheil vier Wochen etwa nach dem Gebrauche der aq. ozon. die Gesichtsfarbe auffällig und die Wangen wurden voller. Während der ganzen Krankheit war M. fröhlich, niemals ermattet, so dass sie täglich lernte, Unterricht empfing und in keiner Zeit den Eltern Besorgniss eingeflösst hat. — Ich meine nun, die sichtbare Besserung des Blutes und des Ernährungszustandes muss von Einfluss auf den Catarrh der Luftwege und auf das Nervensystem, folglich auch auf die Dauer und den Grad des Keuchhustens in diesem Falle gewesen sein, weil sie bereits drei Wochen vor Beendigung des Catarrhes eingetreten ist. — 3) Die Wirkung des Präparates bei einfachen Catarrh der Luftwege. 4) haben Berend, Ohning, und ich mehrere gleichartige Beobachtungen bei Anwendung desselben Präparates gemacht. — Auch dieser Fall lehrt, dass man noch grössere Gaben des Präparates hätte anwenden können. Dass eine reizlose Diät eingehalten, kein anderes Mittel zur Anwendung gekommen, und Lungenemphysem (welches nach Ablauf jedes starken Keuchhustens immer eintritt und daurend, ja hie und da mit Asthma, zurückbleibt) selbst nicht im geringsten Grade eingetreten ist, sei noch erwähnt. —.

Die Wirkungen der äusserlichen Anwendung der aq. ozon. conc. bei intertrigo, bei Verbrennungen zweiten Grades, bei jeder Art der Entzündung der Augenbindehaut scheinen dafür zu sprechen, dass der Ozonsauerstoff eine Verengerung abnorm erweiterter Gefässe auch durch bessere Ernährung ihrer Wände herbeiführt, wenn er in der Form des genannten Präparates zur Anwendung gelangt, und eine sehr energische äussere Verwendung des Präparates ist wegen seiner schmerzlosen Einwirkung gestattet. — Ein Fall (Herr Seyfert, Lützow-Ufer 3) hat mich belehrt, dass man selbst bei einer tuberculosen Lungenentzündung nicht verzagen soll (welche nach durch Ozon zum Stillstand gebrachter Spitzentuberculose auftrat), wenn der Patient in der Lage ist, die Inhalation des Ozongases (drei Stunden täglich) ausreichend vorzunehmen. — Pat. ist bis zur Diensfähigkeit gebessert der Gesellschaft für Heilkunde vorgestellt.

Frau Wahle, 33 Jahr alt, Mauerstrasse 94, zum dritten Male (und zwar wegen Vorfalles des funiculus umbilicalis per forceps ohne Schwierigkeit, mit Erhaltung des Kindes, mit leicht und vollständig entfernter placenta von mir) am 18. Jan. Abends 8 Uhr entbunden: Lochien 12. Jan.: schwach, 13. Jan.: nicht mehr vorhanden. — 11 Uhr Ab. des 14. Jan. bis 3 Uhr Morg. des 15. Jan.: Frostanfall mit Klappern der Zähne, starken Kopfschmerzen und im Beginne desselben etwa 1/4 Stunde mit Krampfbewegungen der Beine: nach Aufhören des Frostes trockne Hitze, Fortdauer der Kopfschmerzen, und Schmerzen im Kreuz und in der unteren Hälfte des Leibes, Brechneigung; 5 Uhr Morgens allgemeiner Schweiss, 7 Uhr Morg. des 15. Jan. zweiter Frostanfall von der Dauer 1/2 Stunde mit Würgbewegungen, welche trotz ihrer Stärke zu keiner Entleerung des Magens führen. Von Beginn des Frostes ist der Pat. aq. ozon. simpl. möglichst oft zum Trinken gereicht werden, um allgemeinen Schweiss zu erhalten. 15. Jan. Mittags 12 Uhr 120 Pulse, allgem. Schweiss, feuchte Zunge, uterus als auf Druck schmerzhafter tumor im linken unteren Theile des abdom. zu fühlen, und den arcus pubis 4 Zoll überragend. Die Umgebung des tumor empfindlich. Seit der Entbindung kein Stuhlgang. Ordinirt: Cataplasm. ad. abdomen, erst 1 Esslöffel ol. ricin, dann chin. sulphuric. 5 auf 180,0 2 stündlich 1 Esslöffel, aq. ozon. simpl. nach Möglichkeit trinken und inhaliren. — Einspritzungen früher mit Chamillenthee, jetzt mit Ozonwasser. — Abends 8 Uhr: 112 Pulse; weil ol. ricin ohne Wirkung, clysma, durch welches sehr foetide faeces entleert werden; Kopfschmerzen ununterbrochen heftig, doch wegen des fortdauernden

Schweisses niemals kalte Umschläge. 15/16. Jan. Mitternacht hören die Schmerzen im Abdomen, nicht die des Kopfes auf. — 16. Jan. von 3 Uhr Morg. bis 8 Uhr Ab. starke Schmerzen im Abdomen, daher von Neuem Cataplasmen (welche Mitternacht 15/16. Jan. ausgesetzt waren) bis Abend des 16. Jan., an welchem 8 Uhr 108 Pulse zu zählen waren, Durst geringer. — 17. Jan. Abd. 104 Pulse, Fortdauer des Schweisses, der Kopfschmerzen; Abdomen auf Druck mässig empfindlich, uterus an Grösse abgenommen; Lochien wieder eingetreten, Catheterismus nothwendig, durch welchen ein röthlich gelber, klarer Harn entleert wird. — Bis dahin jede Nahrung verweigert, 1 Tasse Haferschseim mit Appetit genossen. — 18. Jan. Morg.: nur noch geringe Kopfschmerzen, Bouillon mit Ei gut geschmeckt, Abdomen nur auf tiefen Druck empfindlich. Mittags 12 Uhr 100 Pulse. — 19. Jan. Pulse 96; Schweiss, seit dem 15. Jan. Morgs. allgemein und ununterbrochen vorhanden, hat noch Geruch. — 20. Januar. 12 Uhr Mitt.: Pulse 88, Harn gelb, Haut trocken, Gesicht nicht mehr roth; fundus uteri $1\frac{1}{2}$ Zoll hoch zu fühlen, wenig empfindlich; völliges Wohlbefinden. Am 12., 13., 14. Jan. sind 4, am 14. Jan. 14, 16.—20. Jan. 8 Flaschen aq. ozon. simplex verbraucht worden. Pat. erscheint von der Entzündung des uterus und Bauchfells hergestellt. —

Pat., aus Wien, 44 Jahr alt, Juli 54: ulcus glandis, nach drei Wochen Sublimat; ulcus geheilt. November 54: ulcus palat. moll.: Abführmittel, geringste Nahrung, Quecksilber, Schwefelbäder zwei Monate. 55—59: Blasen und kleine Geschwüre der Lippen, Zunge, des Gaumens wiederholen sich jedes Jahr trotz Schwefelbäder, Abführmittel, Aetzungen. 62—67: im Nacken nässendes, eiterndes, serpiginöses, flaches ulcus, aus einer harten grossen Pustel hervorgegangen; seit 62: kleine Pusteln der Kopfhaut, 65 u. 66: an den Waden ein bald nässender, eiternder, bald trockener, schuppender Ausschlag. Von 62 bis 67 oft Sarsaparille gebraucht. 68: Landeck gebraucht, dann Heirath; Herbst 68: grosse Knoten in der Rückenhaut, aus welchen 4 grosse, tiefe, immer grösser werdende Geschwüre mit unregelmässigen, gewulsteten Rändern hervorgehen. 70: Kind, mit grossen Blasen geboren, stirbt 14 Tage nach der Geburt. 71: Kind, drei Tage nach der Geburt Blasen über den ganzen Körper, nach $5\frac{1}{2}$ Wochen Tod. — 72: Kind, mit Blasen geboren, 14 Tage nach der Geburt Tod. — 73: Zu den vorhandenen Geschwüren und Ausschlägen kommen braune Flecke am scrotum und auf den Lippen. — 73: Kind wird nicht mit pemphigus geboren, dagegen schält sich die Haut des Körpers in grossen Fetzen ab, auch die des Gesichts, so dass das corium sehr ausgedehnt blossgelegt wird. Tod nach 8 Tagen. März 73 sehe ich den niedergebeugten, cachetisch aussehenden Patienten zum ersten Male, der zumal wegen seiner 4, über Handteller grossen, seit 68 datirenden Rückengeschwüre Hilfe sucht, nachdem er auch 72

Arsenik und Soolbäder ohne einen Nutzen gebraucht hat. Ord: Geschwüre mit Chamillenthee zu bähen, aq. ozon. conc. — Diät. — Besserung beginnt sehr bald, zumal als er auch Ozongas inhalirt. Diät hält Pat. nicht ein, gebraucht sein Arzneimittel nicht regelmässig. — Am 6. Jan. 74, nachdem 150 Flaschen aq. ozon. conc. verbraucht sind, sieht Pat. besser aus, die Geschwüre sind völlig verheilt, die Haut über den Narben schilfert stark und ist noch roth. Kopfhaut hat noch Pusteln, die Waden noch ein schilferndes, trockenes Exanthem. Pat. wird mehr Diät halten und weiter gebrauchen und ist seiner Genesung sicher. Die Frau blieb gesund. Die Kinder wurden sehr kräftig gebaut geboren. — Am 6. Januar 74 sah ich Pat. zum 2ten Male. —

Wenn nun auch bei Tuberculose, Gelenkrheumatismus, Glaucom, Asthma, Gicht Erfolge erreicht werden, so sind sie doch selbstverständlich durch die Gewalt der Krankheitsanlage, des localen Infectionsheerdes, des hohen Alters in demselben Maasse vorübergehend, als es nicht gelingt, die pathologische Praedisposition, den örtlichen Giftheerd zu beseitigen und an Stelle des Curgebrauches den diätetischen Gebrauch des Ozonsauerstoffs zu setzen. Eine aqua ozonisata diaetetica, welche durch ihren Preis den täglichen Gebrauch zulässt, muss daher zunächst der Gegenstand unserer Wünsche sein. —

Herrn Kinne zu Herrenhut sind weitere sorgfältig angestellte Messungen zu verdanken, welche vorerst nur summarisch ich mittheile:

	Ozongehalt.	
	niedrigster	höchster
16. Juni bis 6. Juli	7	12
7. Juli bis 6. Sept.	5	11
6. Sept. bis 5. Nov.	7	10
6. Nov. bis 6. Jan.	8	11